essentials

Essentials liefern aktuelles Wissen in konzentrierter Form. Die Essenz dessen, worauf es als „State-of-the-Art" in der gegenwärtigen Fachdiskussion oder in der Praxis ankommt. *Essentials* informieren schnell, unkompliziert und verständlich

- als Einführung in ein aktuelles Thema aus Ihrem Fachgebiet
- als Einstieg in ein für Sie noch unbekanntes Themenfeld
- als Einblick, um zum Thema mitreden zu können

Die Bücher in elektronischer und gedruckter Form bringen das Fachwissen von Springerautor*innen kompakt zur Darstellung. Sie sind besonders für die Nutzung als eBook auf Tablet-PCs, eBook-Readern und Smartphones geeignet. *Essentials* sind Wissensbausteine aus den Wirtschafts-, Sozial- und Geisteswissenschaften, aus Technik und Naturwissenschaften sowie aus Medizin, Psychologie und Gesundheitsberufen. Von renommierten Autor*innen aller Springer-Verlagsmarken.

Moritz Wild

Denkmalschutz

Grundwissen für Denkmaleigentümer

 Springer Vieweg

Moritz Wild
Münster, Deutschland

ISSN 2197-6708   ISSN 2197-6716 (electronic)
essentials
ISBN 978-3-658-44307-8   ISBN 978-3-658-44308-5 (eBook)
https://doi.org/10.1007/978-3-658-44308-5

Die Deutsche Nationalbibliothek verzeichnet diese Publikation in der Deutschen Nationalbibliografie; detaillierte bibliografische Daten sind im Internet über http://dnb.d-nb.de abrufbar.

Planung/Lektorat: Frieder Kumm
Springer Vieweg ist ein Imprint der eingetragenen Gesellschaft Springer Fachmedien Wiesbaden GmbH und ist ein Teil von Springer Nature.
Die Anschrift der Gesellschaft ist: Abraham-Lincoln-Str. 46, 65189 Wiesbaden, Germany

Das Papier dieses Produkts ist recycelbar.

Was Sie in diesem *essential* finden können

- Erläuterung der Auswirkungen des Denkmalschutzrechts auf Eigentum.
- Wie nach gesetzlichen Vorschriften und unter denkmalpflegerischen Gesichtspunkten mit Denkmälern umzugehen ist.
- Wie sich Denkmalschutz zu Klimaschutz und erneuerbaren Energien verhält.
- Welche Steuerbegünstigungen und Fördermöglichkeiten es gibt.
- Hinweise auf weiterführende Informationen, Literatur, Anträge, Verfahren, Ansprechpartner.

Inhaltsverzeichnis

Über den Autor

Dr. Moritz Wild hat an der Bauhaus-Universität Weimar Architektur studiert und wurde an der Architekturfakultät der RWTH Aachen promoviert. Er schöpft für dieses *essential* sowohl aus Erfahrungen, die er in Architekturbüros, in Denkmalschutzbehörden, in Denkmalfachämtern und in der Forschung gesammelt hat, als auch aus dem Austausch mit Denkmalpflegern und Denkmaleigentümern.

Einleitung 1

Aussagen sowohl von Politikern und Lobbyverbänden als auch Beiträge im Internet und Zeitungsartikel haben Anlass gegeben, eine (hoffentlich) leicht verständliche und anwendungsorientierte Zusammenstellung grundlegender Informationen für Denkmaleigentümer zu schreiben.

Anwendungsorientiert bedeutet, das Buch vermittelt zunächst das nötige Hintergrundwissen über die Rahmenbedingungen des Denkmalschutzes, um dann die Zusammenarbeit mit den Behörden zu erklären, und wie Denkmaleigentümer gesetzeskonform zu Genehmigungen gelangen. Ferner folgen Hinweise zu steuerlichen Begünstigungen und zur Beschaffung von Fördermitteln. Dabei geht es auch um die Frage, welchen Mehrwert Denkmalschutz und Denkmalpflege für die Gesellschaft haben, da nunmehr Altbausanierung und Bauen im Bestand als vordringliche Bauaufgaben für die 2020er Jahre und darüber hinaus aufgefasst werden.

In der Kürze kann das essential nicht auf alle Besonderheiten der einzelnen Länder und einzelner Baumaßnahmen eingehen, die auf den Baubestand individuell abgestimmt sein müssen. Daher liegt der Schwerpunkt auf der Vermittlung von Herangehensweisen, wie Denkmaleigentümer mit den Behörden lösungsorientiert an ihrem Denkmal zusammenarbeiten können.

Die im Buch angesprochenen gesetzlichen Regelungen, Rechte und Pflichten beziehen sich auf die Bundesländer der Bundesrepublik Deutschland.

Grundlagen

2

2.1 Was ein Denkmal ausmacht

Denkmäler sind Kulturgüter, die Geschichte vor Augen führen und Geschichtsbewusstsein fördern. Viele Denkmäler (bzw. Denkmale) nützen der wissenschaftlichen Forschung. Als kulturelles Erbe dienen sie der Bevölkerung als Identitätsanker oder wurden zu Wahrzeichen ihrer Stadt oder ihres Viertels. Die meisten Denkmäler wurden einst von Menschen geschaffen und werden heute oft Kulturdenkmäler genannt. In manchen Ländern fallen auch archäologische Spuren tierischen und pflanzlichen Lebens (z. B. Fossilien) und der Erdgeschichte unter den Denkmalbegriff.

Denkmäler machen die historische Entwicklung der Menschheit, Stadt oder Region, frühere kulturelle, wirtschaftliche, technologische oder politische Verhältnisse und Fähigkeiten anschaulich, weil sie ausnahmsweise noch so gut erhalten sind, dass Fachleute diese Entwicklungen an den Denkmälern ablesen und der Öffentlichkeit vermitteln können.

Fachleute fragen etwa bei einem Haus: Was haben sich die Erbauer dabei gedacht? Wer waren die Erbauer und wann lebten sie? Welche Lebensvorstellungen, Machtverhältnisse und bautechnischen Kenntnisse haben zum Bau des Hauses geführt? Und an welchen schützenswerten Merkmalen ist das abzulesen? Interessant werden historische Objekte oft schon für die folgende Generation, die an der Erschaffung nicht beteiligt war.

Das Denkmal muss nicht nach dem aktuellen Geschmack „schön" sein, sondern muss etwas über Geschichte aussagen. Diese Aussagekraft, auch Zeugniswert oder Denkmalwert genannt, kann sowohl in der Gestaltung, in der funktionalen Anordnung einzelner Komponenten als auch in naturwissenschaftlichen Informationen liegen.

M. Wild, *Denkmalschutz*, essentials, https://doi.org/10.1007/978-3-658-44308-5_2

Meistens handelt es sich bei Denkmälern um historische Gebäude oder Spuren baulicher Anlagen – von der Burgruine über die Kirche bis zum Tagelöhnerhaus, Getreidespeicher oder Eisenbahnstellwerk. Ihre Grundrisse und (fest verbaute) historische Ausstattung (z. B. Zimmertüren und Farbgestaltung) gehören im Regelfall zum Denkmal dazu. Auch Grabsteine, Wegekreuze, Brücken, Gärten und Alleen können Denkmäler sein. Ein einziges Denkmal kann demnach aus Haus mit Garten und Einfriedungsmauer bestehen. Denkmalbereiche (auch Denkmalzonen, Gesamtanlagen oder ähnlich genannt) umfassen mehrere bauliche Anlagen, etwa eine Häusergruppe oder einen Straßenzug mit Gärten und Allee, Wohnsiedlungen mit Häusern und Grünflächen, Fabrikanlagen, Mühlen und Bauernhöfe oder Altstädte. Die genannten Beispiele sind alle ortsfest und können oberirdisch sichtbar oder als Bodendenkmäler teilweise oder ganz verborgen unter der Erde liegen, sodass sie von Archäologen untersucht werden.

Es gibt aber auch bewegliche Denkmäler, etwa noch fahrende Rheindampfer, oder mittelalterliche Altäre, die in eine jüngere Kirche überführt wurden. Ihr historischer Zeugniswert ist nicht an diesen Standort gebunden. Auch unter den schon angesprochenen Bodendenkmälern kann es bewegliche Objekte geben. Werden etwa Gebeine oder Münzen aus dem Boden entfernt, in deren Zusammenhang wie Erdschichten sie Zeugnis über Geschichte ablegen, sind sie keine Bodendenkmäler mehr. Sie werden in einem Depot gelagert oder im Museum ausgestellt und sowohl Forschung als auch Öffentlichkeit zugänglich gemacht.

Was Denkmal sein kann und wie mit Denkmälern umzugehen ist, regeln die Denkmalschutzgesetze der Bundesländer.

Unterschieden wird zwischen gewollten und gewordenen Denkmälern. Unter die erstgenannten fallen Statuen, Reiterstandbilder, Grabsteine, Gedenksteine und andere Objekte, die an etwas oder jemanden erinnern sollen. Sie müssen keine gewordenen Denkmäler im Sinne des Gesetzes sein. Ein Objekt wird Denkmal im Sinne des Gesetzes, wenn ihm historischer Zeugniswert innewohnt. Auch ein gewolltes Denkmal kann gewordenes Denkmal sein, weil es beispielsweise Zeugnis über die Gedenkkultur, Heiligen- und Personenkult oder sonstige Verherrlichung zu seiner Entstehungszeit ablegt.

Gesetze unterscheiden Denkmäler und Naturdenkmäler (z. B. Gewässer, Höhlen und andere Biotope). Naturdenkmalschutz ist in Deutschland von anderen Gesetzen geregelt und wird von anderen Behörden (Landschafts- oder Naturschutzbehörden) bearbeitet als der Denkmalschutz. Naturdenkmäler können Bestandteile von Denkmälern sein, wenn etwa ein besonders alter Baum zu den Gestaltungselementen einer historischen Parkanlage zählt. Dann dient auch die Denkmalschutzbehörde, die hier immer wieder thematisiert wird, neben der Naturschutzbehörde als zweiter Ansprechpartner.

2.2 Gründe für Denkmalschutz

Denkmalschutz rettet Kulturerbe in die Zukunft und ist somit ein hochrangiger Belang des Gemeinwohls – ein Anliegen von öffentlichem Interesse. Er konserviert sorgfältig ausgewählte Belege für historische Entwicklungen, nicht die historischen Rahmenbedingungen oder Gesellschaftsformen.

Die Aufgabe Denkmalschutz kann bis in die Antike zurückverfolgt werden. Seitdem hat es Phasen größerer und kleinerer Beachtung historischer Kulturgüter wie auch sich weiterentwickelnde Ansichten gegeben, was ein Denkmal ausmachen würde und wie damit umzugehen wäre. Die jüngere Entwicklung soll unten stark vereinfacht zusammengefasst werden.

Hochphasen des Denkmalschutzes entfalteten sich – vielleicht immer schon – in Zeiten besonderer Geschichtsbegeisterung und nach Verlusterfahrungen. Als um 1900 einige Denkmalschutzgesetze und ähnliche Vorschriften erlassen wurden, hatte sich Kunstgeschichte als wissenschaftliche Disziplin etabliert und Zeitgenossen hatten die Industrialisierung der zweiten Hälfte des 19. Jahrhunderts mit den einhergegangenen gesellschaftlichen Umwälzungen als Kulturbruch empfunden. Damals gründeten sich auch Naturschutzbewegungen, Wander- und Heimatvereine.

Die heutigen Denkmalschutzgesetze in den deutschen Republiken und Bundesländern entstanden größtenteils in den 1970er Jahren, nach den Flächenbombardements des Zweiten Weltkriegs und den Kahlschlagsanierungen vieler übriggebliebener Altstädte. Auch für Österreich wurde seinerzeit ein erneuertes Gesetz aufgelegt. Die Verluste historischer Ortsbilder und Identifikationsobjekte schmerzten offenbar sehr. Der Druck auf die Politik, zeitgemäße Denkmalschutzgesetze zu beschließen, kam aus der Bevölkerung.

Dass Denkmäler kulturelle und gesellschaftliche Bedeutung besitzen, hat ihre gezielte Schändung oder Zerstörung in der Geschichte immer wieder vor Augen geführt. Chauvinisten und Suprematen wie auch andere Bilderstürmer zogen und ziehen aus, zunichte zu machen, was an kulturelle Besonderheiten und Entwicklungen selbst kleiner Regionen oder (heute) Minderheiten erinnern könnte. Medien berichten mehr oder weniger ausführlich darüber.

Um ein paar internationale Beispiele des noch jungen Jahrtausends zu nennen: In Afghanistan sprengten Taliban die Buddha-Statuen von Bamiyan. Der „Islamische Staat" zerstörte Kulturgüter zu Propagandazwecken oder raubte sie, um sie profitabel zu verkaufen. In der Ukraine und in von Armeniern bewohnt gewesenen Gebieten gehen Angreifer auch gegen historische Kulturgüter vor,

die an ihre Erbauer erinnern würden. Effekt der Kulturgüterzerstörung ist oftmals die Auslöschung kultureller Bezugsorte und Identitätsanker – Teilaspekte
politischer, ethnischer und religiöser Säuberung.

In Mitteleuropa bedrohen – neben politischen, theologischen und ideologi-
schen Extremisten – auch simple Unachtsamkeit und wirtschaftliche Interessen
historische Kulturgüter. Im 21. Jahrhundert sind Herausforderungen wie Klima-
wandel und Wohnungsknappheit in Ballungsgebieten in den Vordergrund des
gesellschaftlichen und politischen Diskussionen in Deutschland und Mitteleuropa
gerückt. Auf Bestreben einflussreicher Akteure in Wirtschaft und Politik hat es
in den letzten Jahren auch Novellen von Denkmalschutzgesetzen gegeben, als ob
der kleine Anteil der Denkmäler am Baubestand ein erheblicher Faktor in der
wirtschafts- und klimapolitischen Entwicklungsplanung wäre. Dennoch existiert
Denkmalschutz als wichtiger Gemeinwohlbelang fort und trägt zum individuellen
Wiederkennungswert von Städten, Gemeinden und Kulturlandschaften bei. Denn
Denkmäler besitzen einen zeitlosen Mehrwert für die Gesellschaft.

Denkmalpflege als Methode hat umfangreiches Wissen über den Baubestand
und Sanierungstechnologien zusammengetragen und publiziert, das für die Sanierung des ganzen Baubestands genutzt werden kann. Es geht heute um die
ökologisch wie ökonomisch sinnvolle Reparaturgesellschaft anstelle der Wegwerfgesellschaft. Dieser gesamtgesellschaftliche Ansatz dürfte selbst in Zeiten
des Klimawandels helfen, eine erneute kulturelle Verlusterfahrung zu verhüten.

2.3   Aufgaben von Denkmalschutz und Denkmalpflege

Denkmalschutz und Denkmalpflege haben zur Aufgabe, die oben erläuterte Aussagekraft der Denkmäler als Geschichtszeugnisse zu bewahren. Dafür muss
Denkmalschutz Zerstörung und verfälschende Änderungen vermeiden und darauf
hinwirken, dass Denkmäler so genutzt, repariert, weitergebaut und modernisiert
werden, dass sie ihre Aussagekraft bewahren. Nicht entweder oder. Sondern
sowohl Denkmal als auch zeitgemäße Lebensverhältnisse.

Denkmalschutz meint die hoheitliche Verwaltungsaufgabe, den Gesetzesvoll-
zug und Verwaltungsverfahren. Mit diesen Aufgaben sind insbesondere die
Denkmalschutzbehörden beauftragt, die als Sonder-/Ordnungsbehörden durch
Genehmigungsverfahren und nötigenfalls durch ordnungsbehördliches Einschrei-
ten auf die Erhaltung der Denkmäler hinwirken.

Denkmalpflege meint die Methoden, mit denen Denkmäler erkannt, erforscht, erhalten, repariert, weitergebaut und bekannt gemacht werden. Zu Denkmalpflegern zählen Denkmaleigentümer, Handwerker, Planer, Mitarbeiter der Behörden und alle, die sich – auch ehrenamtlich – für Denkmalschutz und Denkmalpflege engagieren.

2.4 Gesetzliche Grundlagen

Der Rechtsstaat sichert Menschen Rechte und steuert dazu die Eingriffsmöglichkeiten der öffentlichen Verwaltung durch Gesetze, verpflichtet aber auch Denkmaleigentümer – seien sie private Personen oder die öffentliche Hand – gesetzeskonform zu handeln.

Gesetzliche Grundlage des Denkmalschutzes ist das Denkmalschutzgesetz des jeweiligen Bundeslandes. In Deutschland hat jedes der 16 Bundesländer ein eigenes Denkmalschutzgesetz, weil die Länder jeweils selbst in Politik und Verwaltung für ihre Kultur Verantwortung tragen. Ein deutsches Bundesdenkmalschutzgesetz gibt es daher nicht.

Die Denkmalschutzgesetze geben Kriterien vor, was Denkmal im Sinne des Gesetzes ist und daher geschützt werden muss, welche Konsequenzen der Denkmalschutz hat, welche Rechte und Pflichten insbesondere Eigentümern und öffentlicher Verwaltung zukommen und welche Verwaltungsverfahren vorgesehen sind.

In manchen Ländern, z. B. Nordrhein-Westfalen, besitzt Denkmalschutz Verfassungsrang. Aus dem in Artikel 18 der Landesverfassung Nordrhein-Westfalen formulierten Schutzziel wurde das Denkmalschutzgesetz Nordrhein-Westfalen abgeleitet. In anderen Ländern genießt Denkmalschutz mitunter keinen Verfassungsrang, wird aber in anderen Gesetzen mit Ausnahmeregeln gewürdigt. Das kann von Bedeutung sein, wenn etwa Belange des Denkmalschutzes und andere öffentliche Belange wie Klimaschutz, Rohstoffabbau und viele mehr in Verwaltungsverfahren gegeneinander abgewogen werden müssen.

Auch andere Gesetze, die nicht spezifisch für Denkmalschutz entwickelt wurden, müssen beachtet werden. Beispielsweise formulieren Bauordnungen Vorschriften für baulichen Anlagen, damit diese nicht die öffentliche Sicherheit gefährden. Solche Gesetze können Sonder- bzw. Ausnahmeregelungen für Denkmäler enthalten, um die Ausarbeitung individueller Lösungen für eine Bauaufgabe nicht zu sehr einzuengen.

Gesetze werden heute nicht nur in einschlägigen Printmedien bekannt gemacht, sondern auch im Internet veröffentlicht und dadurch für breite Teile der Bevölkerung bequem abrufbar.

2.5 Rechtsmittel gegen Verwaltungsentscheidungen

Denkmaleigentümer können gegen Entscheidungen der öffentlichen Verwaltung rechtlich vorgehen. Welche Rechtsmittel hierzu offenstehen und an welche Stelle sie zu richten sind, unterscheidet sich in den Ländern und nach der Art der Anfechtung (z. B. Klage, Widerspruch). Regelmäßig sind Klagefristen zu beachten, auf die z. B. „Rechtsbehelfsbelehrungen" in Bescheiden der Verwaltung hinweisen.

Nach dem Konzept der Gewaltenteilung verhandelt und beschließt die Legislative Gesetze, die Verwaltung als Exekutive führt sie aus, und ob die Verwaltung gesetzeskonform gehandelt hat, kann durch Verwaltungsgerichte als Judikative unabhängig überprüft werden.

Grundlage für die Anfechtung einer Verwaltungsentscheidung bildet die begründete Annahme, dass die anzugreifende Verwaltung die Rechte des Denkmaleigentümers verletzt hat. Das kann beispielsweise der Fall sein, wenn eine Unterschutzstellung per Verwaltungsakt nicht gerechtfertigt war, wenn eine Genehmigung zur Änderung des Denkmals hätte erteilt werden müssen, oder wenn eine Ordnungsverfügung unangemessen war.

Inwiefern tatsächlich eine Fehlentscheidung der Verwaltung vorgelegen haben kann und ob eine Klage oder anderweitiges Rechtsmittel Aussicht auf Erfolg hat, können Anwaltskanzleien einschätzen. Diese sollten Kenntnis auf den Gebieten des Denkmalrechts und des Verwaltungsrechts vorweisen.

Die Anwaltskanzlei hat insbesondere bei Klagen gegen Unterschutzstellungsbescheide zu beachten, ob einerseits die Unterschutzstellung des Denkmals (Eintragungsverfahren) und andererseits die Änderung des Denkmals (Genehmigungsverfahren) getrennt zu behandeln sind. Regelmäßig ist über eine Unterschutzstellung nach den Denkmalwertkriterien des Denkmalschutzgesetzes zu entscheiden, nicht nach der wirtschaftlichen Zumutbarkeit, nach Planvorhaben, persönlichen Interessen oder politischem Amt.

2.6　Ansprechpartner bei den Behörden

Erster Ansprechpartner für Denkmaleigentümer ist nach Denkmalschutzgesetz immer die örtlich zuständige Denkmalschutzbehörde mit ihren Sachbearbeitern. Diese vollziehen Verwaltungsverfahren und beraten Denkmaleigentümer zu den Fragen des Denkmalschutzes und der Denkmalpflege – z. B. wie man zur Genehmigung gelangt und welche Sanierungsmethoden und Materialien sich im konkreten Einzelfall eignen.

In Deutschland haben meist die Landkreise oder größere kreisangehörige oder kreisfreie Städte die Funktion der „Unteren Denkmalschutzbehörden" inne, die das Gesetz vollziehen. In Nordrhein-Westfalen übernimmt grundsätzlich die Gemeinde die Aufgabe der „Unteren Denkmalbehörde". Für Bauten, die in Eigentum oder Nutzung des Landes oder des Bundes stehen, kann es Sonderregelungen geben, sodass beispielsweise eine historische Kaserne, in dem ein Bundesamt untergebracht ist, in die Zuständigkeit der dortigen Bezirksregierung fällt.

Neben den Denkmalschutzbehörden gibt es auch noch Denkmalpflegefachämter, die in öffentlichen Stadtplanungsverfahren mitwirken, Denkmäler erforschen, ihre Erkenntnisse aufarbeiten und an andere Behörden und an die Öffentlichkeit vermitteln. In Deutschland sind das meistens die Landesämter für Denkmalpflege (auch Landesdenkmalamt oder ähnliche Bezeichnungen) der Bundesländer. Sie unterstützen die Denkmalschutzbehörden mit überörtlichem Wissen und Fachspezialisten.

Manche Länder haben diese Trennung in landesweites Überblickswissen mit fachlichen Spezialkenntnissen in den Fachämtern gegenüber Allroundern mit Ortskenntnis in den Denkmalschutzbehörden nicht vorgesehen. Beispielsweise gibt es im Saarland das Landesdenkmalamt, welches Denkmalpflegefachamt und Denkmalschutzbehörde vereint.

In den meisten genannten Ländern führt das Denkmalpflegefachamt die Denkmalliste, in der alle Denkmäler aufgeführt und für die Öffentlichkeit einsehbar sind. Dagegen bearbeiten die Unteren Denkmalschutzbehörden Genehmigungsverfahren (Erlaubnisverfahren) für Änderungen am Denkmal oder in dessen engerer Umgebung (Umgebungsschutz). Ferner vollstrecken sie Ordnungsverfahren wegen gesetzeswidriger Veränderung oder Vernachlässigung von Denkmälern. In Nordrhein-Westfalen führen die Denkmalschutzbehörden auch die Denkmalliste für ihr Zuständigkeitsgebiet. Wer Denkmal-Fördermittel verwaltet, hängt davon ab, ob es sich um Gelder der Kommune, des Landes, des Bundes oder sonstiger Förderer handelt.

2.7   Instrumente aus Denkmalschutz und Baurecht

Denkmaleigentümer können mit verschiedenen Instrumenten bzw. Vorschriften zur Steuerung der städtebaulichen und gestalterischen Entwicklung der Stadt und der Gemeinden zu tun bekommen. Die wenigsten davon kommen aus dem Denkmalschutz, sondern meist aus dem Bauplanungs- oder Bauordnungsrecht. Mehrere Instrumente können gleichzeitig auf dasselbe Objekt einwirken. Wenn beispielsweise ein Denkmal im Geltungsbereich einer Gestaltungssatzung steht, sind Vorschriften des Denkmalschutzes und der bauordnungsrechtlichen Satzung zu beachten – neben den generellen Vorschriften des Baurechts. Die besonderen Vorschriften können Ausnahmen und Abweichungen von anderen gesetzlichen Vorschriften wie dem GebäudeEnergieGesetz (§105 GEG, auch Heizungsgesetz genannt) bewirken. Eine Auswahl (ohne Sonderfälle wie etwa Planfeststellungsverfahren) wird hier in Grundzügen erläutert:

- Bebauungsplan (Baugesetzbuch): Formuliert städtebauliche Entwicklungsziele für ein Plangebiet, z. B. Art der möglichen Nutzungen, Maß (Größe) der baulichen Nutzung, Grenzen der Bebauung, Verkehrsflächen. Neubauten, Umbauten und Nutzungsänderungen müssen sich hiernach richten.
- Denkmal (Denkmalschutzgesetz): Erhaltung der historischen Substanz und des Erscheinungsbildes mit Zeugniswert außen und innen, je nach Eintragung in die Denkmalliste.
- Denkmalbereichssatzung (Denkmalschutzgesetz): Erhaltung des Zeugniswertes aus dem Zusammenwirken von mehreren baulichen Anlagen durch deren Erscheinungsbild (Äußeres) und der das äußere Erscheinungsbild tragenden Substanz.
- Erhaltenswerte Bausubstanz (Baugesetzbuch): Die Kriterien sind nicht einheitlich definiert. Der Begriff kommt auch in Denkmalschutzgesetzen vor. Betrifft das Äußere, das in der Regel städtebauliche bzw. ortsbildprägende Qualitäten besitzt. Sinngemäß ein Erhaltungswunsch, jedoch (ohne Ansprüche stellende Satzung) keine Verpflichtung. Verliert das Gebäude seinen Gestaltwert bzw. städtebaulichen Wert, verliert es seine erhaltenswerte Qualität und seinen Ausnahmeanspruch (z.B. von beeinträchtigenden Forderungen des GEG).
- Erhaltungssatzung (Baugesetzbuch): Zielt darauf ab, die städtebauliche Struktur, Eigenart, das Ortsbild und/oder das soziale Gefüge zu bewahren, nicht jedoch unbedingt Bausubstanz. Es können beispielsweise Ersatzneubauten zulässig sein, die anstelle der Vorgängerbauten die gleichen städtebaulichen Eigenschaften besitzen.

- Gestaltungssatzung (Landesbauordnung): Formuliert Gestaltungsvorschriften, um ein erwünschtes äußeres Erscheinungsbild herbeizuführen.
- Kulturlandschaftsprägende Objekte (Baugesetzbuch): Aus der Geschichte erwachsene, prägende Wechselwirkung mit der umgebenden Kulturlandschaft, ein das Bild der Kulturlandschaft prägender Gestaltwert des Gebäudes. Solche Gebäude dürfen abweichend von den privilegierten Nutzungen im Außenbereich genutzt werden. Eigentümer müssen die kulturlandschaftsprägende Eigenschaft nachweisen. Verliert das Gebäude seinen Gestaltwert, verliert es seine kulturlandschaftsprägende Eigenschaft und seinen Ausnahmeanspruch.

Denkmalschutz und Eigentum 3

3.1 Unterschutzstellung und Denkmalliste

Je nach Denkmalschutzgesetz steht ein Denkmal aufgrund seiner erkannten Denkmaleigenschaft nach den Kriterien des Denkmalschutzgesetzes automatisch unter Schutz, oder erst dann, wenn es per Verwaltungsakt unter Schutz gestellt wurde. In dem erstgenannten Fall handelt es sich um das sogenannte deklaratorische (nachrichtliche) Verfahren, im zweiten um das konstitutive Verfahren.

Das nachrichtliche Verfahren kann zur Folge haben, dass der Nachweis der Denkmaleigenschaft auf den Zeitpunkt anstehender Baumaßnahmen verschoben oder die Frage danach (vom Denkmaleigentümer) neu aufgeworfen und anhand des konkreten Bauvorhabens besprochen wird. Im konstitutiven Verfahren erfolgt die Festlegung anhand des Verwaltungsaktes, der hinreichend bestimmt und begründet sein muss, der also feststellt, was warum denkmalgeschützt ist. Der Schutzumfang kann beispielsweise ein Wohnhaus (mit seiner historischen Ausstattung) aufgrund seiner wissenschaftlichen Bedeutung für die Erschong historischer Bauweisen einschließen, aber den jüngeren Anbau und den Garten ausschließen. Gegen den Verwaltungsakt kann, je nach gesetzlicher Regelung (unter Einhaltung von Fristen) Widerspruch eingelegt oder geklagt werden.

Gesetzlich zu schützende Denkmäler werden in die Denkmalliste (Denkmalverzeichnis, Denkmalbuch) eingetragen, um der Öffentlichkeit das geschützte Kulturgut bekannt zu machen.

Vor der formellen Eintragung werden, abhängig von den Verwaltungsverfahrensgesetzen, die Denkmaleigentümer angehört. Dadurch erhalten sie Gelegenheit, sich zur Denkmaleigenschaft zu äußern und womöglich Irrtümer der Fachleute aufzuzeigen, um die Denkmaleigenschaft infrage zu stellen, zu widerlegen oder den Schutzumfang anzupassen. Wenn sich herausstellt, dass das scheinbar erkannte Denkmal die Kriterien des Denkmalschutzgesetzes doch nicht erfüllt, wird es nicht unter Schutz gestellt.

Die für die Bewertung relevanten Informationen sollten der Behörde schon vor einer formellen Anhörung zur Eintragung in die Denkmalliste mitgeteilt werden. Vor der Bewertung, ob überhaupt ein Denkmal vorliegt, besichtigt die Behörde in der Regel das fragliche Objekt und recherchiert zu dessen Entstehungshintergrund und Baugeschichte.

Regelmäßig keine Rolle für die Bewertung der Denkmaleigenschaft spielt, wer gerade Eigentümer ist, ob sich die Eigentümer persönlich für Denkmal-schutz interessieren, wie wirtschaftlich das Denkmal genutzt werden kann, oder ob am Standort ein Solarpark oder eine Schnellstraße gebaut werden soll. Solche und andere Fragen der Erhaltung, Nutzung, der privaten wirtschaftlichen Zumutbarkeit oder potenziell überwiegender öffentlicher Interessen, sind nicht im Eintragungsverfahren, wohl aber im Genehmigungsverfahren (und anderen Verwaltungsverfahren) zu beachten, wenn das Denkmal repariert, modernisiert, anders genutzt oder gar abgebrochen werden soll.

Ehemalige Denkmäler, die ihre Denkmaleigenschaft verloren haben (die Kriterien des Denkmalschutzgesetzes nicht mehr erfüllen), werden aus der Denkmalliste gelöscht.

Wie die Unterschutzstellung abläuft, wer die Prüfung, Unterschutzstellung oder Löschung eines Denkmals beantragen oder auch nur anregen darf, und ob Widerspruch oder Klage gegen eine Verwaltungsentscheidung zu erheben ist, regeln die Länder unterschiedlich.

3.2   Besitze ich ein Denkmal?

Denkmäler sind in der öffentlich einsehbaren Denkmalliste (Denkmälerver-zeichnis, Denkmalbuch) verzeichnet. Denkmallisten können nach verschiedenen Arten von Denkmälern gegliedert sein, z. B. Baudenkmäler, Gartendenkmäler, Bodendenkmäler, bewegliche Denkmäler, Denkmalbereiche.

Denkmallisten sollen im Internet veröffentlicht werden. Verbindlich sind nur Listen der offiziellen Behörden, welche die Denkmallisten führen. Listen priva-ter Interessierter müssen als unverbindlich betrachtet werden. Um sicherzugehen kann bei der zuständigen Denkmalschutzbehörde nachgefragt werden.

Eigentümer erhalten eine Nachricht oder einen Bescheid über die Eintragung in die Denkmalliste sowie den Schutzumfang und die Schutzgründe, damit sie Kenntnis darüber erlangen, was warum den Vorschriften des Denkmalschutzge-setzes unterliegt. Da Eigentümerwechsel der Denkmalschutzbehörde zu melden sind, gelangen die neuen Eigentümer auf diesem Wege auch an die Informationen der Eintragung. Aus diesem Eintragungstext sollte hervorgehen, ob beispielsweise das Haus alleine oder auch der Garten zum Denkmalumfang gehört. Der Schutzumfang kann durch eine Karte illustriert sein, in der die geschützten Gebäude und Außenanlagen markiert sind.

Es gibt auch bauliche Anlagen, die keine Denkmäler sind, aber als prägende Bestandteile eines Denkmalbereichs (Denkmalzone, Gesamtanlage) zu dessen Schutzumfang gehören. Sind sie nicht in der Denkmalliste aufgeführt, dann werden vielleicht die Straßen oder Flurstücke genannt, die im Denkmalbereich liegen. Für Denkmalbereiche dürfte es eine Karte des Geltungsbereiches geben, sodass sich überprüfen lässt, ob das fragliche Objekte innerhalb oder außerhalb des geschützten Gebiets liegt. Differenziertere Karten können auch genauere Angaben enthalten. Solche Unterlagen, gerade bei Ortsrecht wie Satzungen, stellen die betroffenen oder verantwortlichen Kommunalverwaltungen üblicherweise online zur Verfügung.

3.3 Betretungsrecht der Behörden und von Privatleuten

Zur Prüfung der Denkmaleigenschaft, zur Abstimmung von Baumaßnahmen und für andere gesetzliche Aufgaben müssen Denkmaleigentümer den Denkmalschutzbehörden Zugang zu ihrem Privateigentum (Grundstück, Gebäude usw.) gewähren, soweit es für die Erfüllung der Dienstaufgaben erforderlich ist. Besonderen Schutz vor Betretung kann die Wohnung genießen. Besondere Einschränkungen bzw. Duldungspflichten für Eigentümer herrschen meistens bei Gefahr im Verzug und Verkehrssicherungspflichten aufgrund akuter Gefährdungen wie abgängiger Bauteile oder bei illegalen Baumaßnahmen am Denkmal.

In Denkmalschutzgesetzen steht, dass Denkmäler im Rahmen des Zumutbaren der Öffentlichkeit zugänglich gemacht werden sollen, oder ähnliche Formulierungen. Daraus erwächst kein pauschales Recht für Privatleute, denkmalgeschützte Häuser und Grundstücke zu betreten. Wer wann eingelassen wird, entscheiden die Denkmaleigentümer, die beispielsweise ihre Denkmäler zu Veranstaltungen öffnen können. Privatwohnungen – egal ob Denkmal oder nicht – genießen den strengsten Schutz der Privatsphäre. Steht ein Jugendstilgebäude mit Vorgarten und ornamentaler Zaunanlage an der Straße, können Betrachter schon aus dem öffentlichen Straßenraum viel von dem Denkmal sehen. Parkanlagen sind oft für den Besucherverkehr freigegeben. Darüber hinaus können Publikationen das Denkmal indirekt zugänglich machen.

Für Veranstaltungen wie dem Tag des offenen Denkmals® kann es für
Eigentümer, die ihr Denkmal öffnen, sinnvoll sein, eine Veranstaltungshaft-
pflichtversicherung für den Veranstaltungstag abzuschließen, Gefährdungen für
Besucher auszuschließen und Wertsachen (inkl. historischer Möbel) im Auge zu
behalten.

3.4   Erhaltungspflicht und Genehmigungspflicht

Die vorrangige Pflicht der Eigentümer liegt in der Erhaltung des Denkmals.
Erhalten bleiben sollen die historische materielle Substanz, das Erscheinungsbild
und die Wechselwirkung mit der Umgebung, denen die historische Aussagekraft
innewohnt. Das geschieht durch Erhaltungs- und Instandsetzungsmaßnahmen und
durch Nutzungen, die auf die Eigenarten des Denkmals abgestimmt sind, sodass
sie zur langfristigen Erhaltung des Denkmals beitragen. Vorgebeugt werden soll
somit zum einen denjenigen Baumaßnahmen, die zum Verlust der Denkmaleigenschaft führen würden, zum anderen Baustoffen und Verarbeitungsmethoden, die
absehbar Folgeschäden (und Folgekosten) verursachen würden.

Damit denkmalgerechte Maßnahmen und Nutzungen sichergestellt werden,
müssen sich Denkmaleigentümer mit der Denkmalschutzbehörde im Voraus
absprechen und die Genehmigung für die vorgesehenen Maßnahmen einholen.
Das wird Genehmigungspflicht oder Erlaubnisvorbehalt genannt. Eigentümer stellen deshalb bei der Denkmalschutzbehörde einen Antrag auf denkmalrechtliche
Genehmigung.

Denkmalschutzbehörden und Denkmalpflegefachämter beraten Eigentümer,
Planer und Handwerker auch schon vor dem formellen Verwaltungsverfahren,
wenn sie denn frühzeitig hinzugezogen werden. Wird schon bei der Planung einer
Maßnahme erkannt, was zur Erhaltung des Denkmals beiträgt und genehmigt
werden kann, läuft das Genehmigungsverfahren wahrscheinlich flüssig ab.

3.5   Denkmalschutz ist keine Enteignung

Der gelegentlich geäußerten Behauptung, beim Denkmalschutz handle es sich
um Enteignung, haben Gerichte wiederholt widersprochen. Das Recht auf Eigen-
tum, in Deutschland nach Artikel 14 des Grundgesetzes der Bundesrepublik
Deutschland, wird nicht verletzt. Der Denkmalschutz steht im Einklang mit dem
Grundgesetz bzw. dem Auftrag des Artikels 14 des Grundgesetzes, wonach der
Gebrauch des Eigentums zugleich dem Wohl der Allgemeinheit dienen soll.

Der Eingriff der öffentlichen Hand in die Eigentumsrechte der Denkmaleigentümer liegt im Interesse der Allgemeinheit (dem öffentlichen Interesse) begründet,
weil der Schutz von Denkmälern der Allgemeinheit dient. Diese Eingriffe der
Behörden ins Privateigentum müssen dem Grundsatz der Verhältnismäßigkeit
folgen.

Enteignung ist aber nicht ausgeschlossen: Verweigern Denkmaleigentümer
trotz verhältnismäßiger Aufforderung, in Aussicht gestellter Fördermittel oder
Ordnungsverfügungen die gesetzlich vorgeschriebene Erhaltung des Denkmals,
oder beschädigen sie es aktiv, können Denkmalschutzbehörden, je nach Landes-
gesetz, als letzte Eskalationsstufe eine Enteignung vollziehen.

3.6 Zumutbarkeit

Die Zumutbarkeit oder Unzumutbarkeit der Erhaltung eines Denkmals ist kein
Kriterium, das über die Denkmaleigenschaft entscheidet. Die Denkmalschutzbehörden müssen die Frage der Zumutbarkeit jedoch in Genehmigungsverfahren
berücksichtigen, denn im Regelfall geht es um die wirtschaftliche Zumutbarkeit,
um die Privatnützigkeit des Eigentums. Es besteht kein Anspruch auf Profitmaxi-
mierung aus der Nutzung des Denkmals. Das Denkmal muss sich wirtschaftlich
selbst tragen können, darf nicht dauerhaft unrentabel sein. Denkmaleigentümer
müssen sich nicht wirtschaftlich verausgaben, um das Denkmal zu erhalten.

Deshalb wurde dieses Thema auch immer wieder vor Verwaltungsgerichten
verhandelt, wenn es darum ging, ob eine Genehmigung für einen Umbau oder den
Abbruch eines Denkmals hätte erteilt werden müssen. Was von Eigentümern als
unzumutbar empfunden und was von Gerichten nach Rechtslage als unzumutbar
erachtet wird, kann sich deutlich unterscheiden.

Die Beweislast, der Denkmalschutzbehörde und gegebenenfalls dem Gericht
nachvollziehbar darzulegen, warum die Erhaltung des Denkmals oder bestimmter Bestandteile unter objektiven Gesichtspunkten unzumutbar wäre, liegt bei
den Eigentümern. Verwaltungsgerichte haben sich in Urteilen zu denkmalrechtlichen Verfahren im Einzelfall über Anforderungen an den Nachweis geäußert.
Der Nachweis der Unzumutbarkeit wird nicht mit pauschalen Behauptungen
erbracht, sondern muss den konkreten Einzelfall widerspiegeln. Für den Nachweis der Unzumutbarkeit können gesetzliche Forderungen herangezogen werden,
die Änderungen des Denkmals verlangen, aber nicht solche Forderungen, von
denen gemäß Ausnahmeregelungen für Denkmäler abgewichen werden kann.

Die folgende Prüfliste hilft bei der Einschätzung der möglichen Unzumutbarkeit der Erhaltung des Denkmals. Darauf können im konkreten Einzelfall weitere Faktoren Einfluss haben, die hier nicht verallgemeinert werden können.

• Der Eigentümer hat ein oder mehrere denkmalgerechte (sinnvolle, das Denkmal erhaltende) Sanierungs-/Nutzungskonzepte erarbeiten lassen, die sich aber alle anhand von vorliegenden fundierten Wirtschaftlichkeitsberechnungen als langfristig wirtschaftlich defizitär erwiesen haben. Die Berechnungen berücksichtigen steuerliche Begünstigungen und in Aussicht gestellte Fördermittel.
• Der Denkmaleigentümer müsste daher über die anstehende Investition hinaus langfristig eigenes Vermögen in das Denkmal stecken, um es zu erhalten, weil das Denkmal langfristig zu wenig Ertrag erwirtschaftet.
• Der Eigentümer hat das Denkmal nicht sehenden Auges erworben. Er war z.b. schon Eigentümer, bevor es unter Schutz gestellt wurde. Oder er hat es (in schlechtem Zustand) geerbt.
• Der Eigentümer hat das Denkmal nicht zu einem Kaufpreis deutlich unter Marktwert erworben (weil der Kaufpreis z. B. aus dem schlechtem Zustand bzw. Sanierungsstau resultierte).
• Der Eigentümer hat einen aktuell schlechten Erhaltungszustand des Denkmals nicht durch eigenes Zutun herbeigeführt und keinen Sanierungsstau durch unterlassene Instandhaltung eintreten lassen.
• Das Grundstück des Denkmals bietet keine Möglichkeiten für Ergänzungsbauten, die in der Gesamtbetrachtung eine ausreichende wirtschaftliche Kompensation darstellen würden. Das Grundstück wurde nicht vom aktuellen Eigentümer geteilt (neu parzelliert) und dadurch kein unwirtschaftlicheres Grundstück geschaffen.
• Der Eigentümer hat vergeblich versucht, das Denkmal zu einem angemessenen Preis zu veräußern.

3.7   Archäologischer Fund

Wer Bodendenkmäler – archäologische Objekte wie historische Münzen, Gebeine, Keramikscherben, Grundmauern – findet, muss den Fund unverzüglich der Denkmalschutzbehörde oder dem archäologischen Fachamt melden. So verlangt es z.b. das Bayerische Denkmalschutzgesetz und die anderen Denkmalschutzgesetze formulieren ähnliche Vorschriften.
Die Funde müssen unversehrt an Ort und Stelle belassen werden, bis die Behörde klären konnte, wie weiter zu verfahren ist – selbst dann, wenn dafür

eine Baustelle vorübergehend stillstehen muss. Wird den Funden Denkmaleigenschaft zuerkannt, findet eine Rettungsgrabung statt (das Bodendenkmal wird wissenschaftlich geborgen und entfernt) oder es muss im Boden gesichert und in die Planung integriert werden. Eigentümer und Verfügungsberechtigte können verpflichtet werden, die notwendigen Maßnahmen zu ergreifen und zu bezahlen. Bodenfunde können gemäß „Schatzregal" in den Besitz des Landes (der Allgemeinheit) übergehen und Finder bzw. Eigentümer entschädigt werden.

Wo Bodenfunde erwartet werden, finden oft schon vor Baumaßnahmen vorbereitende Ermittlungen statt, werden Grabungsschutzgebiete ausgewiesen und Baumaßnahmen unter der Auflage genehmigt, dass Bodenarbeiten archäologisch begleitet werden müssen.

3.8   Akteneinsicht nehmen

Wer ein berechtigtes Interesse nachweist, darf die Denkmalakte der Denkmalschutzbehörde und andere Akten wie die Bauakte der Bauaufsicht (Bauordnungsbehörde) einsehen. Eigentümer haben regelmäßig ein berechtigtes Interesse, Akten über ihr Eigentum einzusehen. Von ihnen Beauftragte, z. B. Architekten und Anwälte, benötigen eine Vollmacht.

Nach Informationsfreiheitsgesetz (des Bundeslandes) kann allerdings auch jede natürliche Person hinreichend bestimmte und zielgerichtete Anträge auf Auskunft konkreter Informationen stellen. Dann muss die Behörde diese, soweit eine zu vage Anfrage keinen unverhältnismäßigen Aufwand verursachen würde, mitteilen. Der Informationsfreiheit stehen das Urheberrecht (z. B. an Plänen) und Gesetze zum Datenschutz gegenüber. Deswegen müssen dem Denkmaleigentümer alle persönlichen Daten verborgen bleiben, die nichts mit ihm zu tun haben, sondern beispielsweise den Vorbesitzer und die von jenem beauftragen Baufachleute betreffen. Die Preisgabe der Informationen darf auch nicht zu Gefährdungen führen.

Denkmäler erhalten und verändern 4

4.1 Veränderbarkeit

Denkmäler sind veränderbar, um sie an einen zeitgemäßen Lebensstandard anzupassen. Dabei stehen die Ziele der Modernisierung durch Veränderung und der Bewahrung der Denkmaleigenschaft manchmal in Zielkonflikt, weil die Denkmaleigenschaft an historische Bausubstanz gebunden ist, die durch Veränderung gefährdet wird. Auch Reparaturen und die Verbringungen unbeweglicher oder beweglicher Denkmäler an einen anderen Ort zählen zu Veränderungen. Die Ausfuhr von Kulturgütern ins Ausland unterliegt zusätzlich dem Kulturgutschutzgesetz.

Bei der Veränderung des Denkmals wird es also darauf ankommen, dass die den Denkmalwert verkörpernde Bausubstanz, Gestaltung und Einbettung in die Umgebung fortbestehen. Hier kommt der Ansatz zum Tragen, sowohl die Ziele des Denkmalschutzes als auch Ziele der Modernisierung zu erreichen.

Ein modernes Bad in einem historischen Haus ist der Regelfall. Wo und wie würde ein modernes Bad nachträglich eingebaut oder erneuert, ohne durch die vielleicht nötigen neuen Trennwände und die Leitungsführung historische Wandgestaltung, Stuckdecken oder Türen zu zerstören und den Grundriss unkenntlich zu machen? Welche Brandschutzanforderungen müssen eingehalten werden? Und führen zu deren Erfüllung mehrere Wege, von denen der eine weniger historische Bausubstanz kostet als der andere? Welche Eingänge führen ins Haus und können ohne Substanzverlust barrierefrei oder barrierearm angepasst werden?

Veränderung kann meistens durch mehrere alternative Lösungen geschehen, von denen diejenige mit den geringsten Eingriffen in die historische Substanz die beste Wahl für das Denkmal sein und die beste Chance auf Genehmigung haben wird.

© Der/die Autor(en), exklusiv lizenziert an Springer Fachmedien Wiesbaden GmbH, ein Teil von Springer Nature 2024
M. Wild, *Denkmalschutz*, essentials, https://doi.org/10.1007/978-3-658-44308-5_4

Unter Veränderungen, die der Genehmigung der Denkmalschutzbehörde bedürfen, fallen auch Ausbesserungen, Reinigungsmaßnahmen und auffrischende Anstriche an historischen Bauteilen. Das hat den Hintergrund der Schadensverhütung durch Auswahl geeigneter Materialien und Methoden. Fugenmörtel soll sich mit seinen technischen Eigenschaften in den Bestand einfügen, damit das Mauerwerk schadensfrei bleibt. Reinigungsmethoden (z.b. Druckstrahler) dürfen beispielsweise Stuckornamente oder die witterungsfeste Brennhaut von Backsteinen nicht abreiben oder absprengen. Säuberung muss nicht porentief rein, sondern schadensfrei sein! Anstriche müssen Untergrund und Bausubstanz trocknen lassen. Denn Feuchtigkeit dringt von oben, außen, innen oder aus dem Boden ein. Geeignete Materialien und Verarbeitungsmethoden bewahren langlebige historische Materialien und Konstruktionen, die auf diese Weise noch viel länger halten können.

Mit historischer Substanz und historischen Bauteilen sind diejenigen gemeint, die zu den historischen Bauphasen gehören, die zur Denkmaleigenschaft beitragen. Fenster aus der Entstehungszeit eines Hauses sollen erhalten bleiben, weil sie über die historische Handwerkstechnik Auskunft geben, mit der das Fenster hergestellt wurde, und weil die Fenster mit ihrer Gliederung, Farbe und Material zum Erscheinungsbild des Hauses beitragen. Kunststofffenstern in einem Gründerzeithaus wird die Denkmalschutzbehörde nicht nachtrauern, außer jemand möchte noch etwas Unpassenderes einbauen. Zur Wiederherstellung des Gesamterscheinungsbildes des Hauses wäre es wünschenswert, Fenster heutiger Technik nach dem historischen Vorbild einzubauen.

4.2   Denkmalpflegerische Herangehensweise

So wie der aus dem lateinischen eingedeutschte Begriff Sanierung Heilung meint, werden sowohl denkmalpflegerische Methodik als auch Altbausanierung gerne mit medizinischen Verfahren beschrieben: Auf der Grundlage einer (wissenschaftlichen) Untersuchung des Bestandes werden Schäden und Mängel festgestellt, ihre Ursachen diagnostiziert und die geeigneten Therapien (Maßnahmen, Materialien und Verarbeitungsmethoden) ausgewählt:

- Konservierung (Erhaltung und Sicherung),
- Sanierung (durch Instandsetzung wieder gebrauchstauglich machen),
- Restaurierung (Wiederherstellung),
- Renovierung (Erneuerung, Auffrischung),
- Modernisierung (Aufrüstung, Gebrauchswerterhöhung), oder gar

- Rekonstruktion (Wiedererrichtung) eines verlorenen Denkmalteiles, womöglich durch
- Anastylose (unter Wiederverwendung historischer Teile).
- Translozierung (Versetzung an einen anderen Ort) stellt einen letzten Ausweg dar, bei dem das Denkmal aus dem Kontext gerissen wird und seinen Zeugniswert verlieren kann.

Dabei muss unterschieden werden, ob tatsächlich bauliche Schäden vorliegen, oder ob das Bauwerk erst dadurch als „krank" erachtet wird, weil es den aktuell geltenden (und wieder veränderlichen) baurechtlichen Anforderungen nicht entspricht.

Um einen Eindruck zu vermitteln, welche methodischen Ansprüche die Denkmalschutzbehörden im Rahmen des geltenden Rechts gegenüber den Denkmaleigentümern vertreten, sollen hier kurz Grundsätze der Denkmalpflege angerissen werden:

- Das Denkmal soll möglichst authentisch bzw. echt mit seiner historischen Bausubstanz und seinem Erscheinungsbild überliefert werden, weil diese zuverlässig und glaubwürdig die historische Aussagekraft (Zeugniswert, Denkmaleigenschaft) tragen.
- Die gegebenenfalls zur Denkmaleigenschaft beitragende Wechselwirkung des Denkmals mit seiner Umgebung soll nicht durch störende Eingriffe in der Umgebung beeinträchtigt werden.
- Durch kontinuierliche Instandhaltung des Denkmals sollen Mängel frühzeitig behoben und größeren Schäden (Substanzverluste, Kosten) vorgebeugt werden.
- Den obigen Punkten entsprechend geht (bei für die Aussagekraft wichtigen Bestandteilen) Reparieren vor Erneuern – und zwar mit Materialien und Verarbeitung, die der historischen Vorlage gerecht werden.
- Hierzu müssen im Einzelfall wissenschaftliche Voruntersuchungen stattfinden.
- Denkmäler sollen in einer die Denkmaleigenschaft bewahrenden Art und Weise der heutigen Zeit gemäß genutzt werden können.
- Bei Modernisierungen und Umbauten sollen Eingriffe in die historische Bausubstanz auf das Nötigste beschränkt werden. So viel Eingriff wie nötig (um etwa zwingende Anforderungen der Bauordnung zu erfüllen), aber so wenig wie möglich.
- Moderne Ergänzungen und Einbauten sollen von der historischen Substanz unterscheidbar und reversibel, also möglichst schadlos wieder rückgängig zu machen sein. Dadurch soll die historische Bausubstanz die anstehende

Umbaumaßnahme und auch die in Zukunft kommenden Baumaßnahmen
überdauern.

• Denkmalpfleger respektieren die Schöpfungen der historischen Baufachleute
  und Künstler, sollen sich als Gestalter am Denkmal nicht selbst verwirklichen.

• Veränderungen und verwendete Materialien sollen dokumentiert werden, damit
  Eigentümer und Behörde bei der nächsten Veränderung wissen, welche historischen Originalteile erhalten werden konnten und welche Teile erneut verändert
  werden können.

Diese Ideale werden mit dem rechtlichen Grundsatz der Verhältnismäßigkeit
geerdet. Maßstab für die Entscheidung der Behörde sind einerseits die indi-
viduelle Denkmaleigenschaft und die vorhandene historische Bausubstanz des
Denkmals, andererseits die Gesetze und Rechtsprechung im jeweiligen Bundesland. Entscheidungen und Auflagen der Denkmalschutzbehörde müssen geeignet,
erforderlich und angemessen sein, die Denkmaleigenschaft zu erhalten. Nicht jede
kleine Änderung am Denkmal beeinträchtigt dessen Aussagekraft. Nicht jeder
Änderungswunsch des Eigentümers darf genehmigt werden. Im Einzelfall können
gesetzliche Anforderungen wie der Brandschutz beeinträchtigende Änderungen
des Denkmals erfordern.

Verwaltungsgerichte sehen die Erhaltung der historischen Substanz und des
Erscheinungsbildes als geboten an. Oder sie erachten, je nach Bundesland, darüber hinaus auch die Korrektur früherer Bausünden – wie Kunststofffenster
im Fachwerkhaus – durch Nachbau historischer Bauteile zur Wiederherstellung
des Gesamterscheinungsbildes für angemessen, wenn sowieso eine Erneuerung
ansteht.

4.3   Welche Maßnahmen beantragt werden müssen

Welche Maßnahmen beantragt werden müssen, regeln die Denkmalschutzgesetze
unterschiedlich. Im Regelfall müssen alle Änderungen am Denkmal und seiner Umgebung beantragt bzw. abgestimmt werden, weil sie den Zeugniswert
des Denkmals beeinträchtigen könnten. Anhaltspunkte für die denkmalwerten Bestandteile liefert der Eintragungstext (Denkmalwertbegründung). Konkrete
Details ergeben sich aus Gesprächen mit der Behörde.

Welche Bestandteile quasi bedenkenlos verändert werden könnten, lässt sich
pauschal schwierig sagen, da jedes Denkmal unterschiedlich ist. Ein Lichtschalter im Fachwerkhaus trägt normalerweise nicht zu dessen Denkmalwert
bei. In einer durchgestylten Villa der Postmoderne, in welcher Architekt und

Bauherr alle Details zu einem Gesamtkunstwerk zusammengestellt haben, mag der Lichtschalter eine wichtige Gestaltungskomponente der Innenräume sein. In einem Haus, das vorwiegend wegen seiner städtebaulichen Eigenschaften unter Schutz steht, aber im Innern nur noch den historischen Grundriss mit jüngerer Ausstattung aufweist, wird eine Renovierung der inneren Wandoberflächen mit neuer Tapete unkritisch sein. Weisen die Innenräume historische Gestaltung auf, wird die Denkmalschutzbehörde hierauf achten. Jugendstil-Wandfliesen im Jugendstil-Haus sollen nicht geschlitzt und verspachtelt werden, um eine Leitung zu verlegen. In einem Bad auf dem Stand der 1980er Jahre im Jugendstil-Haus werden die jungen Fliesen wahrscheinlich egal sein.

Es gibt auch Regelungen, die Verfahren verschlanken bzw. Bürokratie abbauen sollen. Nach Sächsischem Denkmalschutzgesetz (§ 12), um ein Beispiel zu nennen, müssen Instandsetzungen nach Naturkatastrophen und geringfügige Vorhaben nur schriftlich angezeigt werden. In Nordrhein-Westfalen bedürfen Instandsetzungsarbeiten nach § 9 Denkmalschutzgesetz NRW (Fassung von 2022) *„keiner Genehmigung, wenn sie sich nur auf Teile des Denkmals auswirken, die für seinen Denkmalwert ohne Bedeutung sind"*. Tückisch daran: Weniger Prüfung durch Behörden bedeutet mehr Verantwortung für die Bauherren und ihre Baufachleute, dass die Gesetze erfüllt werden.

Durch die obige Regel wie in Nordrhein-Westfalen können Denkmaleigentümer in eine mehrfache Falle geraten: Irren sie sich, was ohne Bedeutung sei, kann historisch wertvolle Denkmalsubstanz beschädigt werden. Dadurch kann eine Ordnungswidrigkeit vorliegen, für die ein Bußgeld droht. Und schließlich sind Maßnahmen zur Erhaltung und sinnvollen Nutzung eines Denkmals nach Einkommensteuergesetz nur steuerlich begünstigt, wenn sie in Abstimmung mit der Behörde ausgeführt werden, welche die steuerliche Bescheinigung für erforderliche Maßnahmen am Denkmal ausstellt. Das ist entweder die Denkmalschutzbehörde oder (z. B. in Bayern) das Landesamt für Denkmalpflege. Daher: Erst mit der Denkmalschutzbehörde sprechen und nach Genehmigung zur Tat schreiten.

4.4 Genehmigungsverfahren

Im Allgemeinen läuft ein denkmalrechtliches Genehmigungsverfahren (Erlaubnisverfahren) nach dem folgenden Schema ab:

1. Bestandsaufnahme und Vorabstimmung mit der Denkmalschutzbehörde: Was ist die Ausgangslage? Was soll erreicht werden? Welche denkmalgerechten Lösungen kommen infrage? Welche Unterlagen muss der Antrag auf denkmalrechtliche Genehmigung enthalten?

2. Antragstellung an die Denkmalschutzbehörde: Sie prüft, ob die eingereichten Unterlagen vollständig und prüffähig sind, muss nötigenfalls nachfordern.

3. Die Denkmalschutzbehörde prüft und beurteilt den Antrag unter Beteiligung des Fachamtes und nötigenfalls (falls Belange des Denkmalschutzes entgegenstehen) unter Abwägung öffentlicher Interessen (überwiegender Interessen?) und privater Interessen (Zumutbarkeit).

4. Die Denkmalschutzbehörde erteilt oder versagt die Genehmigung, gegebenenfalls mit Nebenbestimmungen: meistens Auflagen, die eine fachgerechte Ausführung sicherstellen sollen.

5. Gegebenenfalls folgen Feinabstimmungen und Kontrollen der Denkmalschutzbehörde während der Ausführung der Maßnahme gemäß den Nebenbestimmungen der Genehmigung oder aufgrund unvorhergesehener Erkenntnisse (z. B. im Bauverlauf erkannte Schäden oder hinter jüngeren Verkleidungen zum Vorschein gekommene historische Bauteile).

6. Die Denkmalschutzbehörde nimmt die ausgeführte Maßnahme ab, muss nötigenfalls Korrekturen fordern. Im Hinblick auf einen möglichen Antrag auf steuerliche Bescheinigung und je nach Komplexität der Maßnahme werden die ausgeführten Maßnahmen vom Eigentümer und seinen Auftragnehmern und/oder von der Behörde dokumentiert.

4.5 Antrag auf Genehmigung

Die Denkmalschutzbehörde muss im Genehmigungsverfahren prüfen, ob Belange des Denkmalschutzes dem beantragten Vorhaben entgegenstehen, das heißt, ob das Vorhaben die den Zeugniswert tragende Bausubstanz und das Erscheinungsbild des Denkmals beeinträchtigen würde. Der Antrag muss entsprechend aussagekräftig und genau sein, um der Denkmalschutzbehörde zu ermöglichen, die obige Frage zu beantworten.

Für die Verwaltung bedeutet es mehr Arbeit, einen Antrag abzulehnen und nachbessern zu lassen, als wenn sie ihn im ersten Anlauf genehmigen könnte. Folglich wünschen sowohl Eigentümer als auch Behörde möglichst reibungslose Verfahren.

Dazu sollte das Vorhaben schon vor dem Antrag mit der Denkmalschutzbehörde abgesprochen und so weit wie möglich abgestimmt worden sein. Bei frühzeitiger Beteiligung kann die Behörde durch Beratung aufzeigen, welche Vorhaben genehmigt werden können und welche nicht. Einige Behörden haben Merkblätter und Vordrucke für Anträge erstellt. Digitale Anträge und Genehmigungen sind in der Entwicklung. Grundlegende Informationen für den Antrag liefern die Antworten auf folgende Fragen:

• Was ist der Ausgangszustand bzw. der aktuelle Bestand?
• Was ist das Ziel des Vorhabens und welche Teile des Denkmals betrifft es?
• Auf welche Weise (mit welchen Maßnahmen/Veränderungen) soll das Ziel erreicht werden?

Der Umfang der Unterlagen richtet sich nach der Komplexität des Vorhabens. Eine Generalsanierung wird umfangreichere Unterlagen erfordern als ein einzelnes Gewerk. Wenn die Denkmalschutzbehörde eine Abwägung treffen muss, kann es wichtig sein, warum eine Maßnahme durchgeführt werden soll. Insofern helfen auch Fragen wie: Wer? Wann? Wo? Was? Wie/Womit? Warum?

Typische Unterlagen für einfache Vorhaben wie einen Fassadenanstrich setzen sich mindestens zusammen aus einer kurzen Beschreibung des Vorhabens, Fotos des Bestandes und dem Leistungsverzeichnis bzw. Handwerkerangebot. Die Beschreibung teilt mit, um welche Fassaden es geht und beschreibt Fassadenmaterialien, Mängel und etwaige Schäden, sofern das nicht im Handwerkerangebot aufgeführt wird. Die Fotos zeigen die Fassaden und ihren Zustand in Gesamtansichten und in Detailaufnahmen. Das Handwerkerangebot führt die Bearbeitungsschritte und Methoden wie die Fassadenreinigung bis zu den vorgesehenen Materialien wie Anstrichsystemen, Farbtönen und etwaigen Reparaturmörteln oder Reparatur schadhafter Steine auf. Im Einzelfall werden Farbtöne oder Ersatzsteine bei einer Bemusterung vor oder nach der formellen Genehmigung festgelegt.

Bei komplexeren Vorhaben wie der angesprochenen Generalsanierung, Modernisierungen oder der Bündelung mehrerer Gewerke müssen die Antragsunterlagen der Denkmalschutzbehörde ebenfalls anschaulich und nachvollziehbar machen, wie diese Maßnahmen und Maßnahmenbündel sich außen und innen auf das Denkmal auswirken und welche technischen Besonderheiten oder rechtlichen Anforderungen (oder Forderungen anderer Behörden) damit einhergehen.

Wärmedämmung hat z. B. bauphysikalische Auswirkungen auf die vorhandene Konstruktion und das Raumklima, weshalb die bauphysikalische Unbedenklichkeit nachzuweisen ist. Ein Dachgeschossausbau wirft wenigstens Fragen der

Belichtung und des Brandschutzes auf. Eine Nutzungsänderung wird regelmäßig einen Bauantrag erfordern, der über einen Bauvorlageberechtigten (z. B.
Architekten) bei der Bauaufsichtsbehörde eingereicht wird.

4.6   Baugenehmigung

Neben der denkmalrechtlichen Genehmigung kann auch eine Baugenehmigung
erforderlich sein, die von der Bauaufsichtsbehörde erteilt wird. Wann eine Baugenehmigung zu beantragen und wann ein Bauvorhaben davon freigestellt ist,
richtet sich nach der Landesbauordnung des Bundeslandes. Selbst wenn der
Abbruch einer baulichen Anlage nur eine Abbruchanzeige statt einer Baugenehmigung zum Abbruch voraussetzen sollte, muss für ein Denkmal immer noch
eine denkmalrechtliche Genehmigung eingeholt werden.

Wird auch eine Baugenehmigung vorausgesetzt, beinhaltet das Baugenehmigungsverfahren meist das Verfahren für die denkmalrechtliche Genehmigung.
Im Baugenehmigungsverfahren beteiligt die Bauaufsichtsbehörde die Denkmalschutzbehörde (und die anderen relevanten Fachbehörden). Bevor der Bauantrag
bei der Bauaufsicht eingereicht wird, sollten alle hierfür relevanten denkmalpflegerischen Fragen vorab mit der Denkmalschutzbehörde geklärt worden sein.
Andernfalls müsste die Denkmalschutzbehörde während des Baugenehmigungsverfahrens auf den Antragsteller zugehen und die offenen Fragen klären. Sowas
könnte das Verfahren in die Länge ziehen.

Sowohl im denkmalrechtlichen Genehmigungsverfahren als auch im Baugenehmigungsverfahren sind unausgereifte Planungen, welche die denkmalpflegerischen Belange außer Acht lassen, zu vermeiden. Berücksichtigt die eingereichte
Planung die denkmalpflegerischen Anforderungen nicht, müsste die Denkmalschutzbehörde im Verfahren den Bauantrag ablehnen oder eine Überarbeitung
fordern. Dann hätten alle Beteiligten wertvolle Zeit verloren, weil die Planung nochmal überarbeitet werden müsste und mitunter andere Fachbehörden
auch die überarbeite Fassung neu prüfen müssten, damit alle planungsrelevanten
Anforderungen angemessen berücksichtigt werden.

4.7   Wenn eine Genehmigung vorliegt

Die denkmalrechtliche Genehmigung gilt für einen bestimmten Zeitraum (je
nach Bundesland 2–4 Jahre), bezieht sich meist auf vorgelegte Antragsunterlagen und genehmigt beispielsweise die Ausführung von Schreinerarbeiten gemäß

dem vorgelegten Angebot. Genau diese Leistungen sind genehmigt worden. Abweichungen davon, wenn etwa unvorhergesehene Probleme und Schäden erst während der Umsetzung erkannt werden, sind mit der Denkmalschutzbehörde abzustimmen.

Oft enthalten Genehmigungen (auch Baugenehmigungen) sogenannte Nebenbestimmungen: Meist Auflagen oder auch Bedingungen. Bedingungen sind in der Regel schon vor dem Antrag geklärt und kommen daher im Denkmalschutz seltener vor als Auflagen. Mit Auflagen steuert die Denkmalschutzbehörde die denkmalgerechte Ausführung beantragter Maßnahmen. Das geschieht einerseits, indem Details eines Antrags oder Handwerkerangebots präzisiert werden. Andererseits können notwendige Feinabstimmungen gefordert werden. Eine Forderung kann beispielsweise verlangen, dass das weitere Vorgehen vor Ort abzustimmen ist, wenn der oben genannte Schreiner bei seiner Arbeit bereits vermutete Schäden aufdeckt, die auf die eine oder andere Weise behoben werden können. Oder anhand von angelegten Mustern (Probeflächen) für Stuck oder Anstriche an einem unauffälligen Bereich einer Fassade wird festgelegt, welche der erprobten Varianten an der ganzen Fassade ausgeführt werden soll.

Wesentlich für den Eigentümer und den ausführenden Betrieb oder Planer ist, die Genehmigung (denkmalrechtliche Genehmigung und gegebenenfalls Baugenehmigung) zu lesen und nachzusehen, ob und welche Nebenbestimmungen oder auch Hinweise darin formuliert sind, damit die Maßnahmen ausgeführt werden wie genehmigt.

Das ist auch für eine etwaige spätere Steuerbegünstigung wichtig. Denn steuerlich begünstigt sind – nach Einkommensteuergesetz und Bescheinigungsrichtlinien des Bundeslandes – nur Maßnahmen, die vor Ausführung mit der Behörde abgestimmt (und nicht abweichend ausgeführt) wurden.

4.8   Ortstermine und Abstimmungen mit der Behörde

Abstimmungen zwischen Eigentümern, Baufachleuten und Behörden dienen der sachgerechten Planung und Ausführung von Vorhaben. Erfolgen kann die Abstimmung mündlich, postalisch, per E-Mail, vor Ort oder auch per Videokonferenz. Hinsichtlich steuerlicher Begünstigungen und Rechtssicherheit empfiehlt sich eine schriftliche Dokumentation von Beratungsgesprächen oder Ortsterminen.

Ortstermine am Denkmal finden statt, um durch gemeinsame Inaugenscheinnahme den Bestand zu erfassen und zu besprechen, weil die räumliche Wahrnehmung eines Gebäudes oder von Untersuchungsergebnissen (Befunden) vor Ort oftmals aufschlussreicher ist als die Ferndiagnose anhand von Fotos. Ortstermine werden zum Auftakt der Vorbereitungen anberaumt, damit die Verfahrensbeteiligten (mindestens bei komplexeren Vorhaben) einen aktuellen Eindruck vom Denkmal gewinnen.

Abhängig von der Komplexität der Aufgabe, den Zuständigkeiten für Eintragungsverfahren, Genehmigungsverfahren, Förderung oder steuerliche Bescheinigungen sowie den Gepflogenheiten vor Ort variiert der Teilnehmerkreis. Übliche Teilnehmer sind der Eigentümer, der Planer oder Handwerker des Gewerks und ein Sachbearbeiter der Denkmalschutzbehörde, um beispielsweise die Restaurierung historischer Zimmertüren zu besprechen. An Ortsterminen nehmen außerdem oft Gebietsreferenten oder Restauratoren des Denkmalfachamtes (bzw. Landesamtes für Denkmalpflege) teil. Hinzukommen können Stadt- bzw. Kreisheimatpfleger oder ehrenamtliche Denkmalpfleger, die zusätzliche Informationen beisteuern. Außerdem können sich Fördergeber (Kommune, Land, Stiftungen o. ä.) ankündigen. Ein Ortstermin kann also kleines Zwiegespräch oder große Gesprächsrunde sein.

4.9   Baufachleute für Denkmalpflege

Je älter ein Haus ist, desto weniger wurde es nach Normen gebaut und desto weniger können heutige Standardprodukte aus dem Baumarkt und vermeintliche Patentlösungen aus dem Neubau-Bereich angewendet werden. Individuell angepasste Lösungen werden am ehesten von Handwerkern angeboten, die – neben einer anerkannten Ausbildung für ihr Gewerk – Erfahrungen in der Restaurierung und Modernisierung historischer Gebäude und Ausstattung nachweisen können. Einige Handwerker haben sich zum Restaurator im Handwerk weitergebildet. Für Architekten, Ingenieure, Energiebearter und Restauratoren gibt es ebenfalls Fortbildungen und Studiengänge zur Denkmalpflege.

Für künstlerisch gestaltete Ausstattungsstücke, Wandmalerei und andere Kunstwerke ergibt es oftmals Sinn, akademische Restauratoren hinzuzuziehen. Bei wissenschaftlichen Voruntersuchungen, um Schadensursachen auf den Grund zu gehen, können sie entscheidend helfen.

Da Handwerksbetriebe, Architekten und Ingenieure, die Sanierungen nichtdenkmalgeschützter Altbauten bearbeiten, darauf geeicht sind, den Bestand auf den neuesten Stand der Technik aufzurüsten und umzubauen, meinen sie bei historischen Gebäuden und historischer Ausstattung bisweilen, selbst die intakten Bauteile müssten alle erneuert werden. Außerdem können Sie den Einbau vorgefertigter neuer Bauteile leichter kalkulieren als die Arbeitsstunden für die Instandsetzung des Bestandes.

Handwerker, Handwerkerangebote, Planungen und Leistungsverzeichnisse, die sich differenziert mit dem Bestand auseinandersetzen sowie tatsächliche Schäden und Instandsetzungspotenziale aufzeigen, lassen mehr Sachverstand erkennen als die Pauschalbehauptung, alles müsste erneuert werden. Oft sehen nämlich alte Bauteile, die schmutzig wirken und oberflächliche Verwitterung zeigen, schadhafter aus als sie wirklich sind. Bei materialgerechter Restaurierung könnten sie noch einige Jahrzehnte länger halten.

Unabhängig vom Thema Denkmalschutz bedeutet die Erneuerung von Gebäuden und Bauteilen, die gar nicht defekt, sondern bloß nicht auf dem neuesten Stand sind, dass der Bauherr womöglich mehr Geld ausgibt als er müsste und dabei auch noch unnötig Bauschutt erzeugt und Ressourcen verschwendet.

An dieser Stelle sei ein exemplarischer Hinweis zu Bauprodukten eingestreut: Irreparabel beschädigte historische Fenster werden möglichst originalgetreu nachgebaut, um z. B. das harmonische Erscheinungsbild der Fassade zu wahren. Sogenannte „Denkmalschutzfenster" garantieren keine Genehmigung, denn sie stellen bloß einen Marketingbegriff und Hinweis dar, dass der Anbieter historisch anmutende Profile für Rahmen, Sprossen, Kämpfer, Stulpe und Wetterschenkel für neue Fenster fertigt. Das Repertoire eines Betriebs passt nicht zu jedem Denkmal und sagt auch nichts darüber aus, ob der Betrieb historische Fenster restaurieren kann oder will.

Bei der Suche nach Planern, Energieberatern und Handwerkern unterstützen Verzeichnisse und Suchfunktionen auf Webseiten einschlägiger Berufsverbände von Architekten, Ingenieuren, Restauratoren sowie Handwerkerinnungen und Handwerkskammern.

4.10 Eigenleistung und Gefahrenquellen

Müssen einerseits anspruchsvolle handwerkliche und restauratorische Arbeiten von Fachleuten ausgeführt werden, bieten sich andererseits Gelegenheiten, durch Eigenleistung Kosten einzusparen. Eigenleistung lässt sich insbesondere anstelle von Leistungen ungelernter Helfer erbringen, oder in Bereichen, in denen keine historisch wertvolle Bausubstanz zu bearbeiten ist. Zu den wertvollen Bestandteilen gehören in historischen Garten- und Außenanlagen auch Bäume und Pflanzungen, die ebenfalls richtig gepflegt und geschnitten werden müssen, um gut zu gedeihen.

Bei Eigenleistungen sind Gefährdungen zu beachten, denen ansonsten der Fachbetrieb mit angemessener Ausrüstung wie Schutzkleidung, Gerüsten und abgesperrten Bereichen begegnen würde, sodass sich der Bauherr selbst um Schutzvorkehrungen kümmern muss.

Typische Gefahren an Baustellen sind beispielsweise harte Kanten, herabfallende Gegenstände, einsturzgefährdete Böden, herabfallende Bauteile und herumliegende Nägel, gegen die sich Personen mit Schutzhelm, Sicherheitsschuhen und Abstützungen schützen.

Nicht so offensichtliche Probleme stellen Schadstoffe dar, die durch Hautkontakt oder über die Luft in den Körper gelangen können. Hiergegen müssen mitunter Masken oder Ganzkörper-Schutzanzüge eingesetzt werden. Schließlich kommt es auch noch auf die richtige Entsorgung alter Baustoffe an, damit sie Mensch und Umwelt (einschließlich der Nachbarschaft und Passanten) nicht belasten.

Schadstoffe wurden entweder als Bestandteil eines historischen oder jüngeren Bauprodukts (z. B. bei einer Modernisierung) eingebaut, durch Nutzung oder durch Umwelteinwirkung in die Bauteile eingetragen. Verbreitete Schadstoffe sind beispielsweise Asbest, Bleiweiß als Pigment in Anstrichen, Holzschutzmittel in Dachwerken, diverse Lösungsmittel unter anderem in Kunststoffen und Anstrichen, außerdem Schimmel, Hausschwamm und Taubenkot. Die meisten eingebauten Schadstoffe stammen aus der zweiten Hälfte des 20. Jahrhunderts. Eine Übersicht über typische Schadstoffe am Bau, ihre Verwendung und Auswirkungen geben z. B. die im Internet abrufbaren Baufachlichen Richtlinien Recycling der Bundesregierung.

Klimaschutz und Energie 5

5.1 Denkmalschutz und Klimaschutz

Denkmalschutz und Klimaschutz stellen wichtige öffentliche Interessen dar. Öffentliche Interessen (Belange des Gemeinwohls) sind von privaten Interessen (Zumutbarkeit, persönliche Belange) zu unterscheiden.

Denkmalschutz hat den Auftrag, vorhandenes kulturelles Erbe zu bewahren und ist damit an die vorhandene Substanz jedes einzelnen Denkmals gebunden. Denkmäler lassen sich nicht durch Neubauten ersetzen. Klimaschutz soll eine Verschlechterung der Lebensbedingungen auf der Erde aufhalten oder bremsen. Hierzu bieten sich zahlreiche Ansätze in z. B. Bauwesen, Stadtplanung, Verkehr, Energiegewinnung, Land- und Forstwirtschaft, Ressourcenabbau, Lieferketten, Lebenszyklen von Produkten, Abfall, Recycling, Technologie und Personenverhalten an. Die meisten Ideen zum Klimaschutz fordern Veränderungen und können im Widerspruch zu Forderungen des Denkmalschutzes, aber auch des Natur- und des Umweltschutzes stehen. Konflikte und Positionen von Denkmalpflegern, Umweltverbänden und weiteren Lobbygruppen werden umfangreich publiziert und in Medien diskutiert.

Ein den Denkmalschutz überwiegendes öffentliches Interesse setzt im Grundsatz voraus, dass dieses öffentliche Interesse zur Erfüllung seiner Ziele bestimmte Maßnahmen am konkreten Denkmal verlangt. Das trifft nur in wenigen Fällen zu, weil öffentliche Interessen ohne Bindung an einzelne Objekte oder Orte oft auf anderen Wegen verfolgt werden können. Wie oben exemplarisch aufgelistet, kann auch Klimaschutz auf vielfältigen Wegen verwirklicht werden. Von denen stehen nur wenige im Widerspruch zum Denkmalschutz – nämlich dann, wenn es um denkmalschädigende Eingriffe geht. Viele Ansätze haben dagegen mit Denkmälern keine Berührungspunkte.

M. Wild, *Denkmalschutz*, essentials, https://doi.org/10.1007/978-3-658-44308-5_5

Grundsätzlich lautet die Herangehensweise ohnehin, einen Weg zu finden, sowohl Klimaschutz als auch Denkmalschutz zu verwirklichen, also den Zeugniswert des Denkmals zu bewahren, es ressourcenschonend instand zu halten und es behutsam so zu modernisieren, dass seine Nutzung energieeffizienter wird. Hierauf gehen die folgenden Kapitel näher ein. Planer und Energieberater (für Baudenkmale) können in Absprache mit der Denkmalschutzbehörde und den Denkmalpflegefachämtern die Vor- und Nachteile in Frage kommender Lösungswege zur energetischen Ertüchtigung aufzeigen.

5.2   Ökologisches Bauen und Nachhaltigkeit

Das **Leitbild vom ökologischen Bauen** vertritt die Idee, durch schadstoffarme sowie umwelt- und ressourcenschonende Bauweisen in der Gegenwart auch den kommenden Generationen gesunde Wohnverhältnisse und ein intaktes Ökosystem zu hinterlassen. Eng damit verknüpft sind sowohl Fragen des **Naturschutzes** und des **Klimaschutzes** als auch der Art und Weise, wie neue Bauwerke beschaffen sein sollen und wie der vorhandene Baubestand modernisiert und umgebaut werden soll. Beim ökologischen Bauen wird der Begriff der **Nachhaltigkeit** großgeschrieben, dessen drei Dimensionen kurz erläutert werden.

Eine Dimension stellt die **soziale Nachhaltigkeit** dar: Wie schon in der Einführung angesprochen, tragen Denkmäler mit ihrem Zeugniswert zum besonderen Charakter eines Ortes (genius loci) bei und bieten somit als kulturelles Gedächtnis jedermann Gelegenheit, sich mit diesem Charakter zu identifizieren und kritisch auseinanderzusetzen.

Daneben profitiert auch **ökologische Nachhaltigkeit** von Denkmalschutz und Denkmalpflege. Da Denkmalpflege historische Bauweisen überliefert und erforscht, können die Vertreter des ökologischen, reparierenden, energiesparenden, Ressourcen schonenden und schadstoffarmen Bauens mit natürlichen Materialien sogar von den historischen Anschauungsobjekten lernen. Will Denkmalpflege historische Kulturgüter über die Zeit retten – reparieren statt abbrechen –, heißt das auch, haltbare und reparaturfähige Methoden und Materialien einzusetzen statt große Mengen Bauschutt durch Abbruch zu verursachen. Hier kommt auch die sogenannte „graue Energie" in Spiel, die im Baubestand gebundene Herstellungsenergie, die bei Abbruch verschwendet wäre, weil der Abbruch des Bestandes und der Bau des Ersatzgebäudes viel Energie verbrauchen. Instandhaltung kostet Arbeitszeit, Erneuerung kostet Ressourcen. Instandhaltung und Reparatur schonen daher Ressourcen und Klima.

Den Baubestand mit erfahrungsgemäß geeigneten Maßnahmen behutsam instand zu setzen und weiterzuentwickeln, verspricht auch eine wirtschaftlich sinnvolle und somit **ökonomisch (wirtschaftlich) nachhaltige** Investition. Es geht um kleine gezielte Eingriffe in die Bausubstanz mit großer Haltbarkeit und großer Wirkung für die langfristige Nutzbarkeit.

Die denkmalpflegerische Methode in Modernisierung und Sanierung leistet Beiträge zur Nachhaltigkeit insgesamt. Ökologisches Bauen und Denkmalpflege entsprechen den Ideen der in der Einführung erwähnten Reparaturgesellschaft im Gegensatz zur Wegwerfgesellschaft. Also nicht Klimaschutz oder Denkmalschutz, sondern Nachhaltigkeit und Klimaschutz durch sowohl Denkmalpflege als auch ökologisches Bauen.

5.3   Entsiegelung und Begrünung von Flächen

Zu Teilaspekten des ökologischen Bauens zählen die Entsiegelung und Begrünung von Flächen. Dachbegrünungen setzen ausreichend tragfähige Dachkonstruktionen voraus. Gering geneigte Dächer können leichter begrünt werden. Das aufzubauende Gründach soll Lebensraum für Insekten sein und Regenwasser zurückhalten, statt es sofort abfließen zu lassen. Die vorhandene Dachkonstruktion, die nicht für ein Gründach konzipiert war, müsste zusätzlich das Gewicht des Gründachs und des Wassers tragen können. Ein Gründach würde außerdem eine gravierende Gestaltveränderung bewirken. Fassadenbegrünung muss Fassadengliederungen berücksichtigen und darf nicht hinter Bauteile oder Oberflächen wachsen. Beide Lösungen bedürfen der Pflege, damit sie keine Schäden an Gebäuden verursachen.

Landesbauordnungen verbieten schon länger die Versiegelung unbebauter Grundstücksteile, damit Regenwasser nicht die Kanalisation überlastet, sondern vor Ort und flächig verteilt versickert und verdunstet (Konzept der „Schwammstadt"). Dem schenkt ein beträchtlicher Teil der Bevölkerung keine Beachtung. Wer sein persönliches Bedürfnis nach einer Dachbegrünung mit dem öffentlichen Interesse am Klimaschutz rechtfertigen will, büßt an Glaubwürdigkeit ein, wenn er im Widerspruch zur Bauordnung (und im Falle eines Denkmals womöglich ohne denkmalrechtliche Genehmigung) den Vorgarten mit einem Schottergarten (und darunter ausgebreiteter Sperrfolie) oder PKW-Stellplätzen versiegelt hat. Befahrbare und regendurchlässige Rasengitter können als Kompromiss infrage kommen. Gartendenkmäler, Hausgärten und Gartenstadtsiedlungen zu erhalten statt zu bebauen und zu versiegeln hilft bei der Regenversickerung und bei der Bewahrung eines angenehmen Mikroklimas und der Biodiversität im Quartier.

5.4   Energetische Ertüchtigung von Gebäuden

Aufgrund der besonderen Anforderungen (Zeugniswert) an die energetische Ertüchtigung (Modernisierung, Optimierung) von Baudenkmälern benötigen sie keinen Gebäudeenergieausweis. Öffentliche Interessen an energetischer Ertüchtigung zielen auf die Reduzierung von Treibhausgasemissionen und damit auf die Abmilderung des Klimawandels, bisweilen auch auf geringere Abhängigkeit von Ressourcen aus Drittstaaten. Private Interessen an energetischer Ertüchtigung richten sich auf ein behagliches Wohnklima (aus angenehmer Raumtemperatur und Raumluftfeuchte) sowie auf die Reduzierung der Betriebskosten.

Demzufolge ist Wärmedämmung kein Ziel, sondern ein Lösungsansatz unter mehreren, um Behaglichkeit zu steigern und Betriebskosten zu senken. Ein anderer Ansatz beinhaltet die gezielte Temperierung der Hüllflächen oder bestimmter Bauteile. Ein umfassendes, auf das einzelne Denkmal und seine bauphysikalischen Eigenschaften abgestimmtes Konzept zur energetischen Ertüchtigung wird mehrere Einzelmaßnahmen kombinieren, um energieeffizient mit wenig Aufwand viel zu bewirken und den Zeugniswert des Denkmals zu bewahren.

Zur energetischen Ertüchtigung haben Denkmalfachämter, Hochschulen, Berufsverbände und andere Institutionen Tagungen veranstaltet und Tagungsberichte, Leitfäden und Ratgeber herausgegeben, von denen einige im Internet zur Verfügung stehen. Zum Thema Denkmalschutz und Energiesparen haben beispielsweise die LandesEnergieAgentur und das Landesamt für Denkmalpflege Hessen Informationen auf www.lea-hessen.de aufbereitet. Die Vereinigung der Denkmalfachämter in den Ländern (VDL) bietet den Praxisbericht „Energetische Ertüchtigung am Baudenkmal" zum Herunterladen an.

Speziell fortgebildete Energieberater für Baudenkmäler beraten bei der energetischen Ertüchtigung, zu geeigneten Förderprogrammen und kümmern sich um Anträge. Verzeichnisse von Energieberatern im Internet helfen bei der Suche. Auch Verbraucherzentralen beraten hierzu.

Neben Außenwänden, Dach oder Kellerdecke/-boden gehören Haustüren und Fenster zur Gebäudehülle. In manchen Denkmälern haben sich die historischen Fenster und Türen aus der Bauzeit erhalten und tragen zur Denkmaleigenschaft bei, weil sie Anteil am künstlerischen Gesamtbild des Denkmals haben und über die damaligen Handwerkstechniken Auskunft geben. Schreiner und Restauratoren im Handwerk können solche Bauteile denkmalgerecht reparieren (restaurieren) und ertüchtigen.

Geht es um Ertüchtigung, dann meist um Wärmeschutz (energetische Ertüchtigung): dichtere Fenster und Haustüren mit besseren Dämmwerten der Bauteile und der gesamten Gebäudehülle. Zur Nachrüstung historischer Fenster und Türen eignen sich in vielen Fällen ergänzte oder eingefräste Dichtungsbänder am Rahmen, Innenvorsatzscheiben auf dem Rahmen oder Isolierglasscheiben anstelle der älteren Gläser.

Sind erst Fenster und Türen abgedichtet und damit auch Lüftungswärmeverluste, etwaige Zugerscheinungen und der Luftwechsel reduziert, der Raumluftfeuchte ins Freie entweichen ließ, bleibt mehr Feuchtigkeit im Gebäude. Schimmel droht z. B. an Fensterlaibungen neben ertüchtigten Fenstern zu wachsen, wenn zu viel Luftfeuchtigkeit aus der Raumluft auf solchen kälteren Oberflächen kondensiert (als Tauwasser flüssig wird). Bewohner bzw. Nutzer müssen folglich in dichteren Gebäuden sorgfältiger lüften, um Schimmel zu vermeiden. Bei der energetischen Ertüchtigung spielt generell eine wichtige Rolle, ob sich durch bauliche Veränderungen auch die Feuchte in den Bauteilen gefährlich verändert und wie sie durch bauphysikalisch angepasste Maßnahmen (z.b. schlagrechendichte von Fachwerk, kapillaraktive Innendämmung von Wänden oder feuchteadaptive Dampfbremse im Dach) schadlos trocknen können und schadensfrei bleiben. Um Schwachstellen und Folgeschäden zu vermeiden, müssen Maßnahmen zu energetischen Ertüchtigung sorgsam mit geeigneten Materialien geplant und ausgeführt werden und sollten kleine Mängel aushalten (Fehlertoleranz).

5.5   Elektromobilität und Verkehrswende

Die in der Bundesrepublik Deutschland angestrebte **Verkehrswende** setzt auf schadstoffarme Fortbewegungsmittel, während gleichzeitig ein dichtes Netz öffentlicher Verkehrsmittel und Radwege dazu beitragen soll, dem motorisierten Individualverkehr eine leistungsfähige Alternative gegenüber zu stellen und Verkehrsstaus zu reduzieren.

Für **Elektromobilität** wünschen Bauherren Ladesäulen oder Wallboxen nebst Solaranlagen (siehe Kapitel 5.8). Wallboxen in einer nicht denkmalgeschützten Garage neben dem Denkmal sind für den Denkmalschutz üblicherweise unerheblich. Doch auch an einer denkmalgeschützten Garage findet sich meist eine geeignete Stelle. Bei der Anbringung von Wallboxen oder Aufstellung von Ladesäulen, etwa am Sockelgeschoss des Wohnhauses, muss auf die Vereinbarkeit mit Substanz und Erscheinungsbild geachtet werden. Meistens wird mit Fragen nach der Verankerung, Leitungsführung und etwaigen Bohrungen zu rechnen sein. Einzelne Gemeinden und Energieversorger haben (öffentliche) Ladeinfrastruktur in vorhandene Straßenlaternen integriert.

Manche Eigentümer wünschen sich **Fahrradboxen,** um Fahrrad, Lastenrad, Anhänger oder auch Rollatoren oder Rollstühle unterzubringen. Substanzeingriffe in Gebäude bleiben normalerweise aus. Im Vordergrund steht, wie sich die Boxen auf das Erscheinungsbild des Denkmals oder die möglicherweise denkmalwerten Außenanlagen auswirken würden. Für eine geringe Beeinträchtigung ist nach unauffälligen Aufstellorten zu suchen. Passende Pflanzungen können helfen, die Fremdkörper zu kaschieren. Besonders für Siedlungen empfiehlt sich ein einheitliches Gesamtkonzept, um das harmonische Straßen- und Ortsbild zu wahren.

5.6   Erneuerbare Energien

Zwar kursieren im Internet Berichte verschiedener Interessengruppen zum Thema erneuerbare Energien, und es trifft zu, dass Denkmalschutzbehörden ein kritisches Auge auf dieses Thema werfen. Selbst wenn das ErneuerbareEnergienGesetz (EEG) ein überragendes öffentliches Interesse am Ausbau erneuerbarer Energien formuliert, besteht keine Blankovollmacht zur Errichtung jedweder Anlage für erneuerbare Energien auf Denkmälern – vor allem nicht in Bundesländern, in denen Denkmalschutz von der Landesverfassung verlangt wird. Vielmehr ist ein Interessenausgleich anzustreben und die jeweilige Situation auf denkmalgerechte Lösungen zu prüfen. Ein Erlass des Bau-Ministeriums Nordrhein-Westfalen vom 8. November 2022 klärt hierzu beispielsweise auf, dass die Beurteilung der Denkmalverträglichkeit von Maßnahmen nicht den Denkmaleigentümern überlassen ist. Auch besteht kein absoluter Abwägungsvorrang des Klimaschutzes gegenüber dem Denkmalschutz. Wie das Verhältnis im einzelnen Bundesland aussieht, ist jeweils mit den zuständigen Behörden zu besprechen.

Auch bei dieser Aufgabenstellung gilt grundsätzlich der Leitgedanke des ‚sowohl als auch‘ – ob und wie Anlagen für erneuerbare Energien am oder beim Denkmal integriert werden können, ohne dessen Zeugniswert erheblich zu beeinträchtigen.

Geht es um Wärme (Heizung), geht es auch darum, mit welchen Heizmedien wie Heizkörpern oder Wand-/Fußbodenheizungen die Energie im Gebäude verteilt und abgegeben wird. Da einige Heizsysteme mit niedrigen Vorlauftemperaturen arbeiten, benötigen sie mehr Fläche als Heizkörper konventioneller Heizungen, um genügend Wärme in die Aufenthaltsräume abzugeben. Im Einzelfall können auch mehrere Energieträger in einer Hybridheizung kombiniert werden.

Je anspruchsvoller das Denkmal gestaltet ist, desto höher ist der Anspruch an die Lösung. Und dafür bieten die Weiterentwicklungen der Technologien immer breitere technische und gestalterische Spielräume. Hierauf soll im Folgenden kursorisch eingegangen werden, um den Blickwinkel für die breite Palette an Lösungsansätzen zu weiten. Neben Denkmalschutz – Schutz von Substanz und Erscheinungsbild – sind andere Vorschriften wie Baurecht und Immissionsschutz zu beachten, auf die hier nicht näher eingegangen werden kann.

Über das einzelne Gebäude hinaus denken **kommunale Energiekonzepte** für die ganze Gemeinde, quartiersbezogene Konzepte für den Stadtteil oder Straßenzug und sogenannte virtuelle Kraftwerke, bei denen dezentral mehrere Betreiber Energie ins Netz einspeisen und sich gegenseitig versorgen. Auch Ökostrom aus der Steckdose befördert die Energiewende.

Fernwärme zählt dann zu den erneuerbaren Energien, wenn sie aus solchen gespeist wird, etwa aus unten erläuterten Geothermiekraftwerken, Biogas oder anderen erneuerbaren Energiequellen. Hier stellt sich die Frage, ob und wie der Anschluss des Denkmals an das Fernwärmenetz erfolgen kann.

5.7 Biomasse, Wasser und Wind

Biogasanlagen haben sich zum Bestandteil vieler Bauernhöfe entwickelt, die landwirtschaftliche Nebenprodukte und die Ausscheidungen von Nutztieren zu Gas vergären lassen. Meistens werden die Großbehälter zum Thema des Umgebungsschutzes. Die Einbindung des Denkmals in die umgebende Kulturlandschaft, für die es gebaut wurde und die es mitprägt, muss berücksichtigt werden. An welchem Bauplatz für die Biogasanlage können günstige Betriebsabläufe erreicht und die Beeinträchtigung des Erscheinungsbilds vermieden werden?

Blockheizkraftwerke gehören im weiteren Sinne zu den erneuerbaren Energien, wenn sie aus nachwachsenden Abfall-/Nebenprodukten Strom und/oder Wärme erzeugen (Kraft-Wärme-Kopplung). Da sie beispielsweise mit Biogas betrieben werden können, werden sie mitunter in Kläranlagen aufgestellt. Sie können aber auch als zentrale Versorgungseinrichtungen für Baugruppen oder in Quartieren errichtet werden, um die Einzelgebäude zu entlasten.

Holzpellets und **Hackschnitzel** gelten als erneuerbar und nachhaltig, wenn sie aus ökologischer Forstwirtschaft und aus Abfällen der Holzindustrie gewonnen werden. Die Modernisierung von Heizkesseln bedeutet meist nur geringe Eingriffe ins Denkmal. Es kommt dabei noch auf geeignete Lagerräume und auf möglicherweise neue unauffällige Schornsteine bzw. Abluftrohre an.

Wasserkraft und **Windenergie** zur modernen Energieerzeugung kommen – selbst als Kleinwindenergieanlagen – an Denkmälern oder sonstigen kleineren Gebäuden eher selten zum Einsatz. Sie betreffen bei Denkmälern am ehesten Umgebungsschutzfragen. In historischen Wind- und Wassermühlen oder Staudämmen können mitunter Generatoren angetrieben werden. Die Umrüstung auf moderne Technik bedroht jedoch gegebenenfalls vorhandene historische Getriebe mit Zeugniswert. Wind- und Wasserkraft fließen auch aus Kraftwerken in den Strom-Mix der Energieversorger.

5.8   Solaranlagen und Balkonkraftwerke

Hinweise zur Eignung von Dachflächen für die Gewinnung von Sonnenenergie liefern kommunale Solarkataster und Klimaschutzberater sowie freiberufliche Energieberater und Installateure.

Strom erzeugende **Photovoltaik** sorgt wahrscheinlich für die intensivsten Diskussionen, wenn es um erneuerbare Energien an Baudenkmälern geht. **Solarthermie** erzeugt Wärme. Denkmalpfleger geben bei Photovoltaikanlagen zu bedenken, dass erhöhte Brandgefahren von jenen ausgehen, weil Kurzschlüsse Brände verursachen, der Zwischenraum zwischen Solarmodul und Dachfläche wie ein Kaminzug Brände anfachen kann, das zusätzliche Gewicht ein Dachwerk früher nachgeben lassen könnte, PV-Anlagen selbst Strom erzeugen und Akkus den Strom speichern (der die Feuerwehr und den Löscheinsatz gefährden kann). Mittlerweile haben sich viele Feuerwehren auf die Gefährdungslage eingestellt, aber noch keine pauschale Entwarnung ausgesprochen. Selbst wenn die Brandlast als Nebensache eingestuft würde, bleibt das Thema des zusätzlichen Gewichts. Denn für die Lasten, die Solaranlagen auf die Dachkonstruktion aufbringen, soll das Dach nicht verstärkt (umgebaut) oder gar erneuert werden müssen. Ferner interessiert sich die Denkmalschutzbehörde dafür, wie Solaranlagen befestigt, wo Leitungen verlegt und Wechselrichter, Energiespeicher und Heizsystem installiert werden. Arbeitet ein Heizsystem auf Basis einer Solarthermie-Anlage mit geringen Vorlauftemperaturen im Heizkreislauf, können größere Heizkörper, Fußboden- oder Wandheizungen erforderlich werden und problematische Eingriffe in die Bausubstanz verlangen.

Solaranlagen benötigen Photonen aus Sonnlicht, weshalb Ausrichtungen nach West, Süd oder Ost bevorzugt werden. Da auch diffuses Licht verwertet werden kann, kommt auch Nordausrichtung vor. Manche Steildächer von Denkmälern sind günstig ausgerichtet, aber Steildächer tragen auch wesentlich zum Gestaltwert des Denkmals bei, weshalb Solaranlagen oft erhebliche Beeinträchtigungen darstellen. Denkmalpfleger verfolgen daher interessiert die Weiterentwicklung von Solaranlagen in ihrer Effizienz, Gestaltungsmöglichkeiten und Integration in traditionelle Dachdeckungsmaterialien als „Solarschiefer" oder „Solarziegel" oder auch Solarfolien, die auf Dachpappe und Bleche aufgetragen werden können. Diese Vielfalt bei Farbe, Glanzgrad, Modulrahmen und anderer Produkteigenschaften verspricht gestalterisch besser integrierbare Solaranlagen. Die Wirkungsgrade (Effizienz) der verschiedenen Systeme und Produkte können sich allerdings drastisch unterscheiden.

Auf viele Flachdächer jüngerer Denkmäler können Solaranlagen ohne Beeinträchtigung aufgebracht werden, wenn das Dach „nur" Wetterschutz über der Fassade ist und die aufgelegten Solaranlagen die gestaltprägenden Konturen des Denkmals nicht stören. Die einfachste Lösung bieten Solarfolien, die flach auf die ganze Fläche geklebt werden. Selbst Flachdächer weisen übrigens eine geringe Neigung auf, damit Regenwasser abfließt. Solarmodule können ebenfalls parallel zur Dachfläche montiert werden, aber sie werden oft aufgeständert, um einen optimalen Sonneneinfallwinkel zu erreichen. Sie können auch flach auf das Dach aufgesetzt werden. Als zweckmäßig erwiesen haben sich Ansätze, die (mehr oder weniger steil oder dachparallel aufgeständerten) Module vom Dachrand weg einwärts zu rücken, damit in üblichen Blickwinkeln die Kontur der Dachkante nicht vom Zickzack der Module überragt wird. Ist das Gebäude mit einer Attika gebaut (die Fassade überragt die Dachfläche und bildet eine niedrige Brüstung), können die Solarmodule hinter diesem Sichtschutz verborgen werden.

Beispiele für gut integrierte Solaranlagen an Denkmälern lassen sich kaum beobachten, denn gut integrierte Solaranlagen sind an wichtigen Ansichtsseiten nicht oder kaum wahrzunehmen. Statt die Solaranlage auf dem gestaltprägenden Hauptdach zu installieren, kommen mitunter untergeordnete Dächer, etwa von Nebengebäude in Frage, die vielleicht nicht mal zum Schutzumfang des Denkmals gehören.

Bei sogenannten **Balkonkraftwerken** handelt es sich meist um kleine Photovoltaikanlagen, die z. B. an Balkone oder Fassaden mit geeigneter Ausrichtung zur Sonne gehängt werden, wenn sie dort das Denkmal nicht verfremden. Je nach Befestigungssystem geschieht das ganz oder weitgehend reversibel. Damit sie Strom einspeisen, müssen – mit geringstmöglichen Eingriffen in die Bausubstanz – Leitungen gelegt werden. Ist ein Balkon geplant, der das Denkmal ergänzen soll, können Solarmodule mitunter als Bestandteile der Geländer oder Brüstungen integriert werden. Ähnliche Zwecke verfolgen Solar-Zäune, die abseits der Gebäude sowohl Grundstücke einfrieden als auch Energie gewinnen.

Ab einer gewissen Größe werden Solaranlagen als **gewerbliche Anlagen** eingestuft. Über die aktuellen Regelungen kann der Fachbetrieb informieren. Einen

Ausweg bieten **Energiegenossenschaften** bzw. Energievereine, in denen sich Hauseigentümer und sonstige Investoren zusammenschließen, um auf geeigneten Dachflächen Solaranlagen zu installieren. Mitunter gehören lokale Stadtwerke zu den Mitgliedern und tragen Netzinfrastruktur bei. So können beispielsweise statt auf Altstadtdächern gemeinschaftlich auf Dächern von Supermärkten und Gewerbehallen Solaranlagen errichtet werden und mit dem ins Netz eingespeisten Strom das Stadtviertel versorgen, um dadurch eine historische Dachlandschaft erhalten zu können.

5.9   Wärmepumpen und Wärmerückgewinnung

Unter den **Erdwärmepumpen** (Geothermie) haben sich zwei gängige Typen herausgebildet: zum einen die Erdsonde als senkrechte Bohrung in die Tiefe, zum anderen Flächenkollektoren, die unter der Frosteindringtiefe im Boden ausgebreitet werden. Sie weisen unterschiedliche Vor- und Nachteile sowie Wirkungsgrade auf, die insbesondere von der Eignung des Erdreichs abhängen. Erdsonden erfordern ein Bohrfahrzeug, das zur Bohrstelle gelangen muss. Solange nicht mit Auswirkungen auf das Grundwasser und die Tragkraft des Erdreichs zu rechnen ist und keine Teile des Denkmals rückgebaut werden müssten, beeinträchtigen Erdsonden Denkmäler kaum. Flächenkollektoren können zu einer Temperaturabsenkung im Boden führen, die Pflanzen (z. B. Gartendenkmäler) schädigt. Daher müssen Planungen für Erdwärmepumpen viele Rahmenbedingungen berücksichtigen und mit der Wasser(schutz)behörde abgestimmt werden. Direkte Eingriffe in die Denkmalsubstanz sind meist gezielt und eng begrenzt. Nach ähnlichem Prinzip funktionieren **Seewasser-Wärmepumpen** in Gewässern. Eine besondere Variante für Wärmepumpen wird als **Zaun** entwickelt, welcher der Umgebungsluft Wärme entzieht und sogar (mit geringerer Effizienz) in Hecken funktioniert. Als seltener Fall kommt das **Geothermische Kraftwerk** vor, um über Fernwärme zur Energieversorgung größerer Siedlungseinheiten oder Regionen beizutragen.

    Luftwärmepumpen haben viel Aufmerksamkeit erlangt, weil sie mit verhältnismäßig geringem Aufwand installiert werden können. Wie bei den meisten Heizkesseln muss auch für Luftwärmepumpen nur unwesentlich in die Denkmalsubstanz eingegriffen werden. Damit Luftwärmepumpen das Erscheinungsbild nicht beeinträchtigen und keine Lärmbelastung bewirken, kommt es auf den Standort und ihre Befestigung an. Es gibt sogar Umhüllungen wie beispielsweise Holzkästen mit Lamellen, um Wärmepumpen zu kaschieren.

    Aber Achtung: Da Wärmepumpenheizungen mit geringen Vorlauftemperaturen betrieben werden, können auch hierbei größere Heizflächen erforderlich werden. Die alten Heizkörper sind vielleicht nicht groß genug, um die gleiche Wärmemenge wie mit dem alten Gasheizkessel in die Räume abzugeben. Sollen flächige Fußboden- oder Wandheizungen eingebaut werden, verlangen diese womöglich sehr umfangreiche (und kostspielige) Substanzeingriffe und könnten im Widerspruch zur Denkmalerhaltung stehen.

Wärmerückgewinnung entnimmt der Abluft, die aus dem Raum abzieht bzw. durch kontrollierte Wohnraumlüftung abgepumpt wird, enthaltene Wärme, um sie dem Heizungssystem bzw. der in den Raum einströmenden Luft zuzuführen. Es handelt sich also eigentlich um eine Mehrfachnutzung von Luftwärme, die ursprünglich aus erneuerbaren oder konventionellen Energieerzeugern stammen kann. Wärmerückgewinnung wird zwar auch in Einfamilienhäusern (z. B. Passivhäusern) eingesetzt, kommt aber häufiger in größeren Gebäuden mit zentralen raumlufttechnischen Anlagen vor. Großes Potenzial wird in der Nutzung der Abluft/Abwärme von (industriellen) Produktionsstätten gesehen. Abhängig von der Größe der Anlage und der Bauteile kann die Wärmerückgewinnung ganz unterschiedliche Eingriffe in die historische Bausubstanz verlangen.

Finanzierung und Förderung 6

6.1 Finanzierung und Kostenplanung

Die Erhaltungsforderungen des Denkmalschutzes und gesetzliche Modernisierungsforderungen wie Verkehrssicherheit, Brandschutz, Barrierefreiheit, Wärmeschutz und erneuerbare Energien zu erfüllen, können Eigentümer finanziell stark belasten oder gar überlasten. Fördermittel und Steuerbegünstigungen sollen für Entlastung sorgen. Für Eigentümer kann es daher sinnvoll sein, nicht alle Maßnahmen auf einmal durchzuführen, sondern die nötigen Maßnahmen zur Erfüllung der Anforderungen schrittweise, nach Dringlichkeit und aufeinander abgestimmt anzupacken.

Um mindestens bei komplexen Vorhaben den Überblick über anstehende Maßnahmen, Voruntersuchungen, benötigte Handwerker und Finanzierung zu wahren, und um den Ablauf zu koordinieren, können sogenannte Sanierungsfahrpläne, Termin-, Kosten- und Förderpläne aufgestellt werden. Typische Bearbeiter sind Architekten und Bauingenieure, Energieberater (für Baudenkmale) und Bautechniker für Altbausanierung, die oft zugleich die Aufgaben des Bauleiters und die Abstimmung mit den Behörden übernehmen. Die gründliche (teurere) Vorbereitung kann durch gezielte Planung und weniger Überraschungen im Bauverlauf die Kosten für die Ausführung senken und das Projekt insgesamt günstiger machen. So bleiben auch die Vorschriften für Abweichungen und Ausnahmen der gesetzlichen Forderungen im Blick (z. B. § 105 GebäudeEnergieGesetz) und welche Förderprogramme dazu passen oder einander ausschließen.

Besondere Herausforderungen für die Kostenplanung stellen die schwierig vorherzusehende Preisentwicklung von Baustoffen wie auch die Verfügbarkeit sowohl von Baustoffen, technischen Anlagen und Handwerkern zu deren Einbau

M. Wild, *Denkmalschutz*, essentials, https://doi.org/10.1007/978-3-658-44308-5_6

dar. Auch erfahrene Energieberater können den nächsten Wahlausgang und die Energiepolitik der nächsten Koalitionen nicht vorhersagen.

Die wirtschaftliche Komplexität solcher Maßnahmen wird folgend am Beispiel von vielfach thematisierten Solaranlagen erläutert: Werden Solaranlagen auf Dächern mit älterer Dacheindeckung montiert, kann die Dacheindeckung das Ende ihrer Haltbarkeit erreicht haben, noch bevor die Solaranlage ihr Lebensende erreicht oder sich amortisiert hat. Muss die Dacheindeckung ganz oder teilweise erneuert werden, müssen Teile der Solaranlage oder die Anlage komplett demontiert werden, damit die Dachdecker an die Dacheindeckung gelangen und vielleicht auch eine Dämmung einbauen können. In dieser Zeit liefert die Solaranlage keine Energie. Sie abzubauen, um das Dach reparieren zu können, und danach wiederaufzubauen, verursacht dagegen zusätzliche Kosten. Eine intakte Dacheindeckung, die vielleicht noch viele Jahre halten würde, nur für die Solaranlage zu erneuern, kann ebenfalls unnötige Materialverschwendung und Baukosten verursachen. Fördermittel für die Solaranlage könnten zugleich die vorzeitige (energetisch ineffiziente) Erneuerung intakter Dachziegel begünstigen, was wiederum steuerlich nicht bescheinigungsfähig wäre, wenn die vorzeitige Erneuerung (offensichtlich noch) nicht erforderlich war, um das Denkmal zu erhalten und sinnvoll zu nutzen. Energieeffizienter und ressourcenschonender wird die Installation der Solaranlage dann, wenn die Lebenszeit der Solaranlage und die der Dacheindeckung aufeinander abgestimmt sind. Quartiersbezogene Energiekonzepte können den Sanierungsdruck verringern, der auf Einzeleigentümern lastet.

6.2   Kohlendioxidkostenaufteilungsgesetz

Das seit Januar 2023 geltende CO_2KostAufG soll die Kosten für den CO_2-Ausstoß aus der Verbrennung fossiler Energieträger zur Wärmeerzeugung gerecht auf Mieter und Vermieter (Eigentümer) verteilen. Eine Bescheinigung über den Denkmalschutz befreit Eigentümer nicht von den Vorschriften des CO_2KostAufG. Durch die Bescheinigung können Eigentümer ihren prozentual zu tragenden Anteil um die Hälfte kürzen (§ 9), weil sie die Maximalforderungen zur energetischen Optimierung nicht erfüllen können.

Die Behörde, welche die Denkmalliste führt, kann bescheinigen, dass ein Bauwerk unter Denkmalschutz steht. Sie kann aber nicht pauschal bescheinigen, wie sehr möglicherweise eine energetische Effizienzoptimierung durch den Denkmalschutz eingeschränkt wäre. Für eine präzise Einschätzung müsste eine ausgearbeitete Planung und Effizienzberechnung für die energetische Ertüchtigung im Vergleich mit einer Optimierung nach den gesetzlichen Maximalforderungen ohne Abweichungen zugunsten des Denkmalschutzes vorliegen. Außerdem steht Denkmalschutz nicht pauschal dem Einbau von Heizsystemen mit erneuerbaren Energien entgegen (siehe Kap. 5).

6.3 Einkommen-, Grund- und Erbschaftssteuer

Denkmaleigentümer sollen für Maßnahmen, die zur Erhaltung und sinnvollen Nutzung des Denkmals oder des wertgebenden Bestandteils eines Denkmalbereichs erforderlich waren, durch erhöhte steuerliche Absetzbarkeit nach den Paragraphen 7, 10 und 11 des Einkommensteuergesetzes (sogenannte „Denkmal-AfA") kompensiert werden. Sonderregelungen nach § 10 g EStG gelten für schutzwürdige Kulturgüter wie z. B. Gartenanlagen, deren Kosten *„öffentliche oder private Zuwendungen oder etwaige aus diesen Kulturgütern erzielte Einnahmen übersteigen".* Über den Bestand hinausgehende Erweiterungen der Wirtschaftsfläche werden dadurch nicht unterstützt. Steuerliche Begünstigungen hinsichtlich der Einkommensteuer können als Investitionsanreize zur Wirtschaftsförderung verstanden werden.

Nach § 32 Grundsteuergesetz kann die Grundsteuer für Kulturgüter unter bestimmten Voraussetzungen (Bedeutung und Unwirtschaftlichkeit) ganz oder teilweise erlassen werden. Außerdem können nach § 13 des Erbschaftsteuer- und Schenkungssteuergesetzes Steuern für bedeutende, aber unwirtschaftliche Kulturgüter erlassen oder gemindert werden. Bewirken Einschränkungen durch den Denkmalschutz eine geminderte Verwertbarkeit des Grundstücks, kann durch die Einheitsbewertung des zugehörigen Grundstücks eine Steuerminderung beantragt werden.

Die Behörde, welche die Denkmalliste führt, kann nötigenfalls eine Bescheinigung über den Schutzstatus ausstellen. Je nach Bundesland ist der Schutzstatus auch im Grundbuch eingetragen. Denkmalschutzbehörden übernehmen jedoch keine Steuerberatung, weil sie dafür weder zuständig noch ausgebildet sind.

Daher müssen Denkmaleigentümer, gegebenenfalls unterstützt von ihrer Steuerberatung, für sich selbst klären, welche Aufwendungen nach den ihnen offenstehenden Absetzungsmöglichkeiten am geschicktesten über die Denkmal-AfA oder gegebenenfalls andere Abschreibungswege als Herstellungs- oder Instandhaltungskosten beim Finanzamt geltend gemacht werden sollen.

6.4   Antrag auf steuerliche Bescheinigung

Die steuerliche Begünstigung nach Einkommensteuergesetz wird von zwei Behörden geprüft. Je nach Bundesland prüft zunächst die Denkmalschutzbehörde oder das Landesamt (Denkmalpflegefachamt), welche Kosten für die Erhaltung und sinnvolle Nutzung des Denkmals erforderlich waren. Hierzu gibt es sogenannte Bescheinigungsrichtlinien von (Finanz-)Ministerien. Spätestens bei der Vorbereitung des Antrags können Eigentümer und Behörde klären, welche Rechnungen und Belege beigelegt werden sollen und welche keine Chance auf Anerkennung haben. Für die Anträge und Rechnungsauflistung haben einige Behörden Vorlagen und Merkblätter erstellt. Bescheinigungsrichtlinien sind, wie Gesetze und Verordnungen, veröffentlicht.

Die bescheinigende Behörde sortiert alle nicht erforderlichen und nicht dem Projekt zuzuordnenden Aufwendungen aus und erstellt eine Bescheinigung über die erforderlichen Aufwendungen. Damit die Bearbeitung durch die Behörde, die fehlende oder fehlerhafte Unterlagen monieren müsste, möglichst reibungslos abläuft, soll die Folgende Liste auf Anforderungen an bescheinigungsfähige Maßnahmen und prüffähige Unterlagen hinweisen:

- Steht das Objekt, für das eine steuerliche Bescheinigung beantragt wird, unter Denkmalschutz?
- Welche Teile davon stehen unter Schutz?
- Sind die Maßnahmen (und Voruntersuchungen und Planungen), deren Kosten steuerlich bescheinigt werden sollen, am Denkmal (an den denkmalgeschützten Teilen des Gebäudes oder der baulichen Anlage) ausgeführt worden?
- Es handelt sich nicht um Wartungsarbeiten oder laufende Kosten und auch nicht um den Kaufpreis der Immobilie oder von Möbeln (inkl. Lampen).
- Die Kosten ergeben sich aus Maßnahmen, Gebühren und Planungs- und Untersuchungsaufwand, die für die Erhaltung und sinnvolle Nutzung des Denkmals erforderlich waren, womöglich von der Denkmalschutzbehörde vorausgesetzt wurden.
- Alle aufgeführten Leistungen wurden von beauftragten Firmen und nicht in Eigenleistung erbracht, da Eigenleistung nicht bescheinigt werden kann. Nebenkosten wie Anschaffungen für die Eigenleistung können (je nach Bescheinigungsrichtlinie) durch die Denkmalpflege als erforderlich bestätigt werden, bleiben aber dem Finanzamt zur Prüfung überlassen.
- Die Maßnahmen sind vor Ausführung mit der Behörde abgestimmt und auch gemäß der Genehmigung und den Auflagen der Genehmigung ausgeführt worden. Fotos der Bauzustände (und idealerweise Zwischenzustände, z.B.

repariertes Fachwerk vor Anbringung einer Wetterschutzverkleidung) doku-
mentieren die Ausführung und die Rechnungen (auch als Gedächtnisstütze für
zukünftige Reparaturen).

- Die Maßnahmen (und Voruntersuchungen und Planungen) wurden in Bereichen des Gebäudes ausgeführt, die zum Zeitpunkt der Unterschutzstellung
schon ausgebaut waren. Der nachträgliche Ausbau des Dachgeschosses (vom
Abstellraum z. B. zu Wohnung) oder Anbauten stellen beispielsweise Erweiterungen der Wirtschaftsfläche dar und sind nicht bescheinigungsfähig (außer
ohne sie wäre eine Nutzung des Denkmals ausgeschlossen).
- Sind die Rechnungen für Planungen, Untersuchungen, Arbeiten und Material dem Denkmal (Adresse) und dem Eigentümer als Kunden zugeordnet?
Wenn es sich um Beschaffung von Material oder Werkzeug handelt: Können
die Materialien konkreten Maßnahmen zugeordnet werden? Beiläufige Käufe
(z. B. Schokoriegel in einer Baumarkt-Rechnung) sollten gleich durchgestri-
chen und nachvollziehbar aus der Antragssumme herausgerechnet werden.
- Ist aus den Rechnungen herauszulesen, welche Leistungen zu welcher Zeit
ausgeführt wurden? Die Planung wird größtenteils vor der formalen Genehmigung stattgefunden haben, um die Genehmigung zu erwirken. Die Ausführung
muss nach der Genehmigung stattgefunden haben.
- Es handelt sich somit nicht um Pauschalrechnungen für undefinierte Leistungen in undefiniertem Umfang in undefinierten Teilen der baulichen Anlage.
- Skonto-Zahlungen und Abzüge sind anzugeben.
- Hat es (Denkmal-)Fördermittel für das Denkmal gegeben? Sie können von der
Antragssumme abzuziehen sein.
- Im Falle einer Eigentümergemeinschaft Teilungserklärung beilegen.

Wenn Rechnungen sowohl denkmalgeschützte als auch nicht denkmalgeschützte
Gebäudeteile (z. B. geschütztes Wohnhaus und nicht geschützte Garage) oder
historisch ausgebaute bzw. nicht ausgebaute Bereiche (z. B. Verputzarbeiten im
ganzen Haus einschließlich nachträglich ausgebautem Dachgeschoss) betreffen,
muss die bescheinigende Behörde unterscheiden können, welche Teile der Rech-
nung sie anteilig (sonst womöglich gar nicht) bescheinigen kann. Für Gebäude
und Außenanlagen bzw. Garten gelten – auch wenn beide unter Schutz stehen –
unterschiedliche Paragraphen des Einkommensteuergesetzes und die Behörde
muss die Bescheinigung nötigenfalls anhand der Rechnungen differenzieren
können.

Die steuerliche Bescheinigung des Denkmalschutzes legen Eigentümer als
Teil der Steuererklärung dem Finanzamt als zweite prüfende Behörde vor. Falls

das Finanzamt der Beurteilung der Denkmalpfleger nicht folgt, kann es durch Remonstration zur erneuten Prüfung der Bescheinigungsfähigkeit auffordern. Nicht jede genehmigte Baumaßnahme ist auch steuerlich begünstigt. Kosten, die nicht denkmalrechtlich bescheinigt werden, können immer noch nach sonstigen steuerlichen Regelungen geltend gemacht werden.

6.5   Förderprogramme und Darlehen

Förderprogramme können an Eigentümer, an Kommunen, Vereine oder sonstige Zielgruppen gerichtet sein. Fördermittel für denkmalpflegerische Erhaltungs- und Restaurierungsmaßnahmen kommen insbesondere aus Fördertöpfen des Bundes, der Länder (Ministerien, Bezirksregierungen) und der Kommunen wie auch Kommunalverbänden, außerdem von Stiftungen und Vereinen, die regional oder bundesweit agieren.

Für Modernisierungsmaßnahmen wie etwa zur energetischen Ertüchtigung von Denkmälern gibt es Programme wie das KfW-Effizienzhaus Denkmal aus der Bundesförderung für effiziente Gebäude (BEG). Förder-/Investitionsbanken bieten auch Denkmal-Darlehen an, deren Zinskonditionen im Vergleich mit anderen Darlehen eher günstig ausfallen.

Neben den eigentlichen Denkmalfördermitteln gibt es auch mehrere Fördermittel, die inhaltlich vom Denkmalstatus unabhängig sind, die aber trotzdem für Maßnahmen eingeworben werden können, die gleichzeitig der Erhaltung des Denkmals nützen. Hierbei wird darauf zu achten sein, dass die Förderbedingungen und Ziele der Programme nicht im Widerspruch zu den Zielen des Denkmalschutzes stehen und auch keine Fördermittel aus anderen Töpfen ausschließen. Dann lassen sich mehrere Förderprogramme nutzen, um beispielsweise die Heizung zu erneuern und die Fassade zu restaurieren.

Zu den der Denkmalpflege mittelbar helfenden Fördermitteln gehören z. B. die Städtebauförderung für ausgewiesene Sanierungsgebiete, mitunter hiermit verknüpfte Fassaden- und Hofprogramme zur Wohnumfeldverbesserung oder zur Entsiegelung von Bodenflächen. Ansprechpartner ist üblicherweise die Gemeinde, die Fördermittel erringen konnte, um Einwohner zu unterstützen.

Bund und Länder haben zahlreiche Förderprogramme für energetische Ertüchtigung, Energieeffizienz, effiziente Gebäude, Klimaanpassung und für den Ausbau erneuerbarer Energien aufgelegt. Außerdem werden Aufgaben und Anliegen wie Nachhaltigkeit, altersgerechtes und barrierefreies Bauen unterstützt. Zu den größten öffentlichen Förderanstalten zählen das Bundesamt für Wirtschaft und Ausfuhrkontrolle (BAFA) und die Kreditanstalt für Wiederaufbau (KfW).

Bei der Auswahl und Beantragung der im Einzelfall geeigneten Fördermittel helfen insbesondere Architekten und Energieberater (für Baudenkmale). Zu der Frage, um welche Denkmal-Förderprogramme sich Eigentümer aktuell und ortsspezifisch bemühen können, beraten auch die Denkmalschutzbehörden und Denkmalfachämter. Für andere Förderprogramme können andere Verwaltungsmitarbeiter zuständig sein. Eine breite Übersicht mit Suchfunktion bietet z. B. die Förderdatenbank Bund, Länder und EU auf www.foerderdatenbank.de.

6.6 Antrag auf Förderung

Auch wenn Behörden von sich aus auf Förderprogramme hinweisen, müssen Eigentümer Fördermittel im Regelfall selbst beantragen. Die Anträge an die vielfältigen Fördergeber fallen unterschiedlich komplex aus. Es sind bestimmte Antragsfristen zu beachten, bestimmte Unterlagen beizulegen, nach Bewilligung Umsetzungsfristen einzuhalten und nach Ausführung Verwendungsnachweise zu erbringen. Zum letzten Punkt kann die Checkliste für Anträge auf steuerliche Bescheinigungen einige Anhaltspunkte beisteuern. Die Auszahlung der Zuschüsse erfolgt meist nach dem Nachweis der Verwendung, bei größeren Maßnahmen vielleicht auch zwischendurch in Teilzahlungen.

Zunächst muss der Eigentümer mit seinem Planer oder Energieberater in Frage kommende Förderprogramme heraussuchen, welche die Umsetzung der geplanten Vorhaben unterstützen. Förderanträge fragen folgende oder ähnlich geartete Informationen ab:

- Um was für Maßnahmen geht es?
- Welche Ziele verfolgen die Maßnahmen bzw. warum sind sie erforderlich?
- Warum sind die Maßnahmen geeignet? (Gibt es ein Sanierungs-/Restaurierungskonzept?)
- Soll die Förderung alle oder bestimmte Ziele und Maßnahmen unterstützen?
- Wann sollen die Maßnahmen von wem umgesetzt werden?

Außerdem zu beachten: Wenn das eine Förderprogramm nur historische Bausubstanz denkmalgerecht erhalten und instand setzen (konservieren und restaurieren) will, aber keine Modernisierung unterstützt, kann die Modernisierung vielleicht mit einem anderen Förderprogramm subventioniert werden. Wenn ein Förderprogramm durch Verlangen einer maximierten Modernisierung Denkmalzerstörung voraussetzt, würde ein Förderkonflikt eintreten, weil die Denkmalschutzbehörde die Zerstörung nicht erlauben dürfte.

Bei Denkmalförderprogrammen sind im Antrag regelmäßig der Schutzstatus, Schutzgründe und die Hintergründe des Förderantrags anzugeben. Hier ist zu erklären, wie und warum die geplanten Maßnahmen, für die Fördermittel beantragt werden, für die Erhaltung der denkmalwerten Bausubstanz (dringend) erforderlich sind. Üblicherweise beizulegende Schadensgutachten oder Schadensbeschreibungen und Leistungsverzeichnisse oder Handwerkerangebote belegen die genannte Erforderlichkeit und zeigen die konkreten Maßnahmen auf. Auch die Denkmalschutzbehörde und/oder das Denkmalfachamt kann vom Fördergeber zu ergänzenden Stellungnahmen und am Ende zur Abnahme und Bestätigung der denkmalgerechten Ausführung aufgefordert werden, oder die denkmalrechtliche Genehmigung wird mit dem Förderantrag abgefragt.

Wie bei der denkmalrechtlichen Genehmigung darf nicht ohne Abstimmung von dem Maßnahmenplan abgewichen werden, für den der Fördergeber Gelder bewilligt hat, weil sonst die Förderung entfallen kann.

Was Sie aus diesem *essential* mitnehmen können

- Denkmäler sind veränderbar, indem der Bestand sensibel in einer Weise verändert wird, durch die der Zeugniswert des Denkmals über Geschichte fortbesteht. Um das sicherzustellen, sind Vorhaben gemäß Genehmigungsvorbehalt mit der Denkmalschutzbehörde abzustimmen, die hinsichtlich geeigneter Lösungen berät.
- Die Herangehensweise „Sowohl Modernisierung als auch Denkmalerhaltung" soll zu zeitgemäßer Nutzung und Fortbestand des kulturellen Erbes führen.
- Bei allen Änderungsvorhaben, etwa der energetischen Ertüchtigung und dem Einsatz erneuerbarer Energien, müssen sowohl die technischen und bauphysikalischen Eigenschaften als auch die historischen Zeugniswert tragenden Qualitäten des Denkmals in Bausubstanz und Erscheinungsbild beachtet werden.
- Zuerst mit der Denkmalschutzbehörde (und Fördergebern) sprechen und dann ein genehmigungsfähiges (denkmalgerechtes) Vorhaben nach dem Grundsatz 'sowohl als auch' ausarbeiten. Aus Anträgen müssen die Prüfer ablesen können, wie sich das Vorhaben auf das Denkmal auswirken würde – ob das Vorhaben genehmigungsfähig bzw. förderfähig ist.
- Nicht ohne Abstimmung mit der Denkmalschutzbehörde und dem Fördergeber von Genehmigungen und Förderbescheiden abweichen.

M. Wild, *Denkmalschutz*, essentials, https://doi.org/10.1007/978-3-658-44308-5

Zum Weiterlesen

Zusammenfassung

Zum Abschluss eine kurze Anleitung für eigene Recherchen anhand weiterführender Literatur und zur persönlichen Weiterbildung.

M. Wild, *Denkmalschutz*, essentials, https://doi.org/10.1007/978-3-658-44308-5

Informationen finden und werten

Auf dem Buchmarkt, in Zeitungen und im Internet findet sich umfangreiche weiterführende Literatur mit zahlreichen Beiträgen zu Themen wie Denkmalpflege, Restaurierung, Altbausanierung, Bauen im Bestand, Barrierefreiheit, Brandschutz (in historischen Gebäuden), erneuerbaren Energien, Bauprodukten, Fachwerk, Raumklima, Stuck, Stilkunde, Recht (z. B. Kommentare zu Gesetzen), Ausschreibung, Kostenplanung und vielen mehr.

Abhängig vom Verfasser spiegeln diese Beiträge fachliche oder persönliche Erfahrungen wieder, sind ideologisch aufgeladen oder haben den Zweck, bestimmte Produkte zu vermarkten. Für Denkmaleigentümer ist es daher wichtig, diese Beiträge und ihre Informationen (oder die berüchtigten „alternativen Fakten") richtig einzuordnen. Grundlegende Fragen, die sich Eigentümer zu diesem Zweck stellen können, lauten beispielsweise:

- Wer ist der Verfasser und ist er eine zuverlässige Quelle?
- Wie hat der Verfasser die Informationen gewonnen?
- Welche Interessen und Kenntnisse beeinflussen die von ihm aufgestellten Behauptungen?
- Beleuchtet er Sachverhalte fundiert und objektiv aus verschiedenen Blickwinkeln?
- Bestätigen andere Autoren/Quellen diese Behauptungen?
- Gibt es gegensätzliche Behauptungen?
- Wie fundiert und plausibel sind die jeweiligen Behauptungen im Vergleich?
- Zu welchem Zweck hat der Verfasser die Behauptungen aufgestellt?
- Will er mir ein Produkt verkaufen oder bestimmte Gefühle in mir wecken?
- Schiebt er die Verantwortung für Probleme bestimmten Gruppen oder Institutionen (Kritikern, Konkurrenten, Sündenböcken) zu?

Nehmen wir als Beispiel einen Verband für erneuerbare Energien, der unter Bezugnahme auf ausgewählte Gerichtsurteile zu Einzelfällen pauschal verkündet, der Ausbau erneuerbarer Energien hätte immer Vorrang gegenüber Denkmalschutz. Das ergibt gute Nachrichten für die Produktgruppe, die er vermarkten will. Konsequent bleiben gegenteilige Urteile unerwähnt. Denkmaleigentümer, das heißt potenzielle Kunden, werden durch einseitige Informationen zum Kauf des vermarkteten Produkts angeregt und möglicherweise zu rechtswidrigem Verhalten verleitet.

Andere Beispiele betreffen Zeitungsnachrichten, Internet- und Fernsehberichte (oder auch Beiträge in sozialen Medien). Beschränkt sich der Verfasser/ Journalist darauf, die Behauptungen einer befragten Seite wiederzugeben, überspitzt sie sogar – oder lässt der Artikel erkennen, dass der Verfasser die Behauptungen gegengeprüft und den Kontext recherchiert hat und auch die Gegenseite zu Wort kommen ließ?

Fachliteratur und wissenschaftliche Literatur sollten sich dadurch auszeichnen, dass die verwendeten Methoden und Informationsquellen dargelegt werden, sodass die Erkenntnisse der Wissenschaftler und ihr Weg zu diesen Erkenntnissen durch andere Fachleute überprüft werden können.

Weiterführende Literatur

Fachliteratur zu den oben exemplarisch erwähnten Themen, ist über den Buchmarkt und Bibliotheken für jedermann zugänglich. Historiker, Archivare, Geschichtsvereine und ehrenamtlich Engagierte veröffentlichen außerdem zur Ortsgeschichte, in deren Kontext das einzelne Denkmal eingeordnet werden kann. Manche Fachämter, Berufsverbände, Hochschulen, die Vereinigung der Denkmalfachämter in den Ländern (VDL) und das Deutsche Nationalkomitee für Denkmalschutz (DNK) haben Bücher, Tagungsbände, Zeitschriften, Leitfäden, und Arbeitspapiere mit Forschungsergebnissen sowie Praxisbeispielen zum Umgang mit Denkmälern und historischer Bausubstanz herausgegeben. Sie bieten viele davon auf ihren Internetseiten zum Herunterladen an. Auch die österreichischen „Standards der Baudenkmalpflege" oder z. B. Broschüren zu Denkmalpflege und Bauen im Bestand der Bayerischen Ingenieurkammer-Bau bieten zahlreiche Hinweise. Publizierte Projekte liefern Erfahrungen und Anregungen, können aber oft nur unter Anpassungen an den jeweiligen Einzelfall auf andere Denkmäler übertragen werden.

Ein Überblick über die Fachämter in den deutschen Bundesländern findet sich beispielsweise dort: www.vdl-denkmalpflege.de/die-denkmalfachbehoerden.

Wer sein denkmalpflegerisches Hintergrundwissen vertiefen möchte, stößt auf eine Vielzahl von Büchern, von denen hier nur eine kleine Auswahl an Überblickswerken vorgestellt werden kann. Die VDL veröffentlichte mehrsprachig das „Leitbild Denkmalpflege". „Denkmalpflege. Geschichte – Themen – Aufgaben. Eine Einführung" (Achim Hubel) bietet als Lehrbuch theoretische Grundkenntnisse und umfangreiche Informationen zur Geschichte des Fachs. Das „Handbuch Denkmalschutz und Denkmalpflege" (herausgegeben von Dieter J. Martin und Michael Krautzberger) beleuchtet tiefgehend das System von Denkmalschutz

M. Wild, *Denkmalschutz*, essentials, https://doi.org/10.1007/978-3-658-44308-5

und Denkmalpflege. Einen bebilderten Brückenschlag zur gesetzmäßigen Anwendung denkmalpflegerischer Methoden wagt das „Denkmalschutz-Kompendium" (Moritz Wild). Aus der essentials-Reihe dient als kompakte Einführung: „Denkmalpflege. Schnelleinstieg für Architekten und Bauingenieure" (Christian Raabe).

Persönliche Weiterbildung

Gelegentlich ist in unkritisch zitierenden Artikeln zu lesen, im Denkmal lebe man wie im Mittelalter. Ob das auf das eigene Haus zutrifft, kann durch vergleichende Besuche in Freilichtmuseen überprüft (und widerlegt) werden, in denen historische Gebäude mitsamt Ausstattung ausgestellt sind, um historische Lebensumstände abzubilden.

Andere Möglichkeiten zur Weiterbildung bieten Vorträge, Führungen und Fortbildungen bzw. Weiterbildungsangebote von Eigentümerverbänden, Berufsverbänden, Stiftungen oder Behörden wie den Landesämtern für Denkmalpflege. Die meisten Fortbildungen richten sich an Fachleute. Fach-Fortbildungen können auch für Laien geöffnet sein. Es gibt aber auch Informationsveranstaltungen für interessierte Laien, Vereine, Hausbesitzer und Denkmaleigentümer – organisiert z. B. von Landkreisen.

Als besonders lehrreich empfinden aber viele Denkmaleigentümer, Baufachleute und Denkmalschutzbehörden die Erfahrung aus der selbst durchgeführten, erlebten oder betreuten Instandsetzung von Denkmälern.

M. Wild, *Denkmalschutz*, essentials, https://doi.org/10.1007/978-3-658-44308-5

Printed in the United States
by Baker & Taylor Publisher Services